Entscheidungen unter Unsicherheit

Für Marcus,

den geduldigsten Gitarrenlehrer,
den ich kenne!
Du verblüffst mich immer wieder!
Schön, dass es Dich gibt und viel
Spaß beim Lesen.

Alles Liebe

[illegible]

München, Juni 2010

Corinna Gohlke

Entscheidungen unter Unsicherheit

Einflussfaktoren auf Gruppen im Innovationsmanagement

AVM

Bamberg

Bibliografische Information der Deutschen Nationalbibliothek

Die Deutsche Nationalbibliothek verzeichnet diese Publikation in der Deutschen Nationalbibliografie; detaillierte bibliografische Daten sind im Internet über http://dnb.d-nb.de abrufbar.

Printed in Germany

AVM ist ein Imprint der Martin Meidenbauer Verlagsbuchhandlung GmbH & Co. KG, München

ISBN 978-3-89975-992-1

www.avm-verlag.de

Wer Entscheidungen unter Unsicherheit treffen will,
muss lernen, mit Unsicherheiten umzugehen.
(eigenes Zitat)

Danksagung

Mein herzlicher Dank gilt den Herren Prof. Dr. Hans-Peter Blossfeld, Prof. Dr. Richard Münch und Prof. Dr. Dietrich Dörner, die mir bei wissenschaftlichen Fragen und Problemstellungen mit Rat und Tat zur Seite standen und die Dissertation im Rahmen einer Industriepromotion ermöglichten. Danken möchte ich auch den Mitarbeitern des Lehrstuhls für Soziologie II in Bamberg, die mir bei allen erforderlichen Formalitäten behilflich waren.

Bei der thematischen Suche und Formulierung des Themas sowie der erfolgreichen Umsetzung der Ergebnisse dieser Dissertation gilt mein besonderer Dank Herrn Dr. Peter Weber, der die Arbeit mit großem Interesse verfolgte und persönlichem Einsatz unterstützte. Ich danke allen Kolleginnen und Kollegen, die sich mit mir und dieser Dissertation kritisch auseinandersetzten sowie ihr Netzwerk für mich zur Verfügung stellten.

Elly, Miriam und Chrissi danke ich aufrichtig für ihr akkurates Korrekturlesen. Sie haben sich, trotz anstrengendem Arbeitsalltag, die Zeit dafür genommen und damit zur Qualität der Dissertation entscheidend beigetragen.

Mein besonderer Dank gilt Chrissi, meinem Freund, der mich besonders in den letzten Zügen immer wieder ermutigt hat, sich stets die Zeit nahm, mir geduldig zuzuhören und mit sehr großem Interesse alle Präsentationen und verfassten Schriftstücke Korrektur las.

An dieser Stelle möchte ich mich bei meiner Familie für ihre Liebe und ihr Verständnis bedanken. Das Gefühl zu wissen, dass die wichtigsten Menschen, die man kennt, an einen glauben, hat mich in schwierigen Zeiten immer wieder motiviert und nach Vorne blicken lassen.

Ohne all diese wunderbaren Menschen wäre diese Dissertation, so wie Sie sie heute lesen können, niemals entstanden.

Inhaltsverzeichnis

Abbildungs- und Tabellenverzeichnis

1 Einführung

1.1 Ausgangssituation

„Kursturbulenzen erschüttern die internationalen Börsen. Die Finanzkrise eskaliert, die USA unternehmen alles, um eine drohende Pleitewelle von Banken abzuwenden. Citygroup streicht 50.000 Stellen“ (Zeit online, dpa, 17.11.2008). *„Opel bittet um Staatsbürgschaft“* (Zeit online, dpa, 14.11.2008). *„Aktienkurse stürzen weiter ab“* (FAZ, 13.11.2008). *„40.000 Jobs bei Zulieferer gefährdet. Die Krise des Automobilherstellers Opel droht den Stellenabbau in der Zulieferindustrie zu beschleunigen“* (FAZ, 18.11.2008).

Die Zitate beschreiben die weltweite Finanzkrise im Herbst 2008, deren Auswirkungen auf Unternehmen und die Vernetztheit durch ihre wechselseitigen Abhängigkeiten.
In den letzten Jahren hat die Gesellschaft einen rasanten technologischen Wandel durchlaufen, der auch einen soziologischen Wandel in der Arbeitswelt auslöste, weil Menschen unter den Rahmenbedingungen der Globalisierung agieren und entscheiden müssen.
Unternehmen sind soziale Systeme und grundsätzlich offen gegenüber ihrer Umwelt, „da sie nur durch den Austausch von Leistungen und Informationen ihren Unternehmenszweck erfüllen können“ (Kirchhof 2003, S.35). Die Umwelt eines Unternehmens kann dabei aus organisationssoziologischer Sicht in drei Ebenen aufgeteilt werden. Auf der ersten Ebene befindet sich die Aufgabenumwelt, welche aus dem organisationalen Netzwerk (z.B. Kunden, Lieferanten, Mitarbeiter) besteht. Die zweite Ebene umfasst die Branche bzw. den Wirtschaftszweig eines Unternehmens und die dritte Ebene bildet die globale Umwelt, worunter die gesamtwirtschaftlichen, politisch-rechtlichen und soziokulturellen Rahmenbedingungen zu verstehen sind. Die Dynamik und Komplexität der drei Ebenen nimmt von der ersten bis zur dritten Ebene zu, da das Spektrum der Umweltereignisse vielschichtiger und heterogener wird (Preisendörfer 2005, S.73-77). Diese Ebenen stellen in Summe den Bezugsrahmen eines Unternehmens dar, dessen Entwicklung von der Dynamik, der Veränderung, der Ungewissheit und dem Grad der Abhängigkeit von der Umwelt beeinflusst wird (Kirchhof 2003, S.36).
Da ein hoher Anteil der Leistungen in Unternehmen nicht durch Individuen, sondern durch ein Kollektiv erbracht wird, beispielsweise in Projektarbeiten oder Gremien (Fleischer 2001, S.1), spielen Gruppen und deren Dynamik eine

wichtige Rolle. In Unternehmen handeln Gruppen im Rahmen von entscheidungsförmig gestalteten Unternehmensstrukturen. Die Handlungsfähigkeit von Unternehmen ist somit von sozialen Strukturen und ihren handelnden korporativen Akteuren abhängig. Diese Strukturen entstehen dadurch, dass individuelle Einflusspotentiale und Fähigkeiten zusammengelegt und gebündelt werden. Dadurch entstehen wiederum Handlungsmöglichkeiten, die kein Individuum für sich alleine erzielen kann (Schimank 2002, S.32). Die Gruppe kann durch diese organisierte Interaktion als Hybrid von Unternehmen gesehen werden (Pelikan 2004, S.139). Die Bedeutung der Gruppe ergibt sich bereits aus der Aufgabenstellung selbst: mit zunehmender Komplexität und Tragweite von organisationalen Entscheidungen steigt der Bedarf an gemeinschaftlicher Aufgabenbearbeitung.

Die Entscheidungssituationen sind nach Dörner durch Komplexität, Vernetztheit, Dynamik und Intransparenz geprägt (Dörner 2007, S.60-64). Komplexität bezieht sich auf die gleichzeitige Betrachtung vieler Komponenten einer Entscheidung. Diese bestehen beispielsweise bei der Fahrzeugfertigung aus den Komponenten der Entwicklung eines neuen Designs, eines neuen Antriebs, aber auch den Komponenten der Umsetzung, also einer günstigen Produktion aus hochqualitativen Materialien. Die unterschiedlichen Entscheidungskomponenten existieren allerdings nicht unabhängig von einander, sondern beeinflussen sich wechselseitig und sind somit vernetzt. Vernetztheit bedeutet, dass ein Eingriff, der einen Teil des Systems betrifft oder betreffen soll, immer auch auf viele andere Teile des Systems wirkt. Die Beeinflussung einer Entscheidungskomponente bleibt nicht isoliert, sondern hat Neben- und Fernwirkungen. Dynamik entsteht dadurch, dass sich die Situationen weiterentwickeln und damit ein gewisser Zeitdruck entsteht, der wiederum Auswirkungen auf die Informationssammlung und das Planungsverhalten von Akteuren hat. Das führt zu einem Verzicht auf vollständige Informationsbeschaffung. Aufgrund der Dynamik ist eine Erfassung der Entwicklungstendenzen von einzelnen Entscheidungskomponenten in Systemen bedeutsam. In der Entscheidungssituation ist nicht alles sichtbar. Viele Merkmale einer Entscheidungssituation sind demjenigen, der sie zu treffen hat, gar nicht oder nicht unmittelbar zugänglich. Die korporativen Akteure haben Entscheidungen hinsichtlich eines Systems zu fällen, dessen augenblickliche Merkmale sie nur zum Teil, unklar, schemenhaft oder aber auch gar nicht erkennen können. Dadurch entsteht nach Dörner Intransparenz in einer Entscheidungssituation. Diese vier Faktoren führen in Summe zu einer unsicheren Entscheidungssituation.

Immer komplexer und kurzlebiger werdende Forschungs-, Entwicklungs- und Marktzyklen (Hofmann/Steinhoff 1994, S.75) führen zu einer sich verschärfenden Internationalisierung und Fragmentierung von Märkten, in denen der Produkt- und Prozessentwicklung eine Schlüsselrolle für die Wettbewerbsfähigkeit von Unternehmen zukommt (Specht/Beckmann 1996, S.114). Ein charakteristisches Merkmal von Forschungs- und Entwicklungsabteilungen ist die ex ante Unsicherheit bezüglich der Ergebnisse und damit die Bewältigung von Entscheidungen unter Unsicherheit hinsichtlich unternehmensinterner als auch -externer Faktoren (Specht/Beckmann 1996, S.25).

1.2 Problemstellung und Zielsetzung

Über die Sozialisation erlernen Menschen, in welcher Weise sie sich in bestimmten Situationen zu verhalten haben, d.h. sie bilden Verhaltensmuster für wiederkehrende Ereignisse aus. Dies gilt auch für das Treffen von Entscheidungen. Bei einer rationalen Entscheidung wird zunächst das Problem analysiert, daraufhin werden Kriterien zur Problemlösung formuliert und Lösungsalternativen gesucht. Diese werden anschließend einer Bewertung und Auswahl unterzogen. Die favorisierte Lösung wird schließlich umgesetzt und evaluiert (Schimank 2005, S.174-194).
Voraussetzung für eine rationale Entscheidung sind drei wesentliche Kriterien. Erstens müssen auf der sachlichen Ebene alle relevanten Informationen erfasst und verarbeitet werden. Zweitens müssen auf der sozialen Ebene die unterschiedlichen Perspektiven und daraus hervorgehenden Deutungen aller Entscheidungsbeteiligten und -betroffenen aufgenommen werden. Schließlich muss ausreichend Zeit zur vollständigen Informationsverarbeitung vorhanden sein (Schimank 2005, S.196). Bei Entscheidungen im Innovationsmanagement kann diese Rationalität nicht aufrechterhalten werden, da Berechnungen über gewinnbringende Innovationen auf Prämissen basieren, die sich der Kontrolle des Unternehmens entziehen. Diese Entscheidungen sind folglich mit hoher Unsicherheit gekennzeichnet (Braun-Thürmann 2005, S.24).
„Das Vorbereiten, das Treffen und nicht zuletzt das Verantworten der Konsequenzen von Entscheidungen dürfen als zentrale, elementare und typisch menschliche Problemfelder bezeichnet werden“ (Bronner, 1989, S.1). In modernen Industriegesellschaften wird zudem die Fähigkeit, Entscheidungen im Team bzw. in Gruppen zu treffen, immer bedeutsamer. So schreibt auch Levine „an important aspect of group performance is decision-making“ (Levine/Moreland 1990, S.617).

Systeme, folglich auch Unternehmen, mit einer zunehmend komplexen und dynamischen Umwelt können diese Anforderungen allerdings nur unzureichend erfüllen, da „individuelle ebenso wie korporative Akteure (z.B. in Organisationen) in ihrem Entscheidungshandeln aus vielen Gründen nicht in der Lage sind, jener Logik zu entsprechen, die von den mathematischen und philosophischen sowie von den daran anschließenden wirtschaftswissenschaftlichen Entscheidungstheorien konzipiert werden" (Schimank 2005, S.24). Eine Untersuchung des Werkzeugmaschinenlabors (WZL) in Aachen ergab, dass Prozessabläufe in der Produktentwicklung heute noch mehr dazu zwingen, Entscheidungen auf unsicherer Informationsbasis zu treffen (WZL 2007, S.13). Aus Gesprächen mit Mitarbeitern, die im Innovationsmanagement tätig sind, geht hervor, dass Entscheidungen aufgrund der Abwesenheit von Kollegen (Koordinationsmangel), zu vielen Entscheidungsträgern, unterschiedlicher Denk- und Handlungsweisen oder unklarer Schnittstellen nicht effizient getroffen werden können (eigene Recherchen). Ein Unternehmen kann als eine Arena betrachtet werden, in der unterschiedliche Wahrnehmungs- und Urteilsschemata, Handlungslogiken und Interessen aufeinander treffen und in einem Entscheidungsprozess ausgehandelt werden (Braun-Thürmann 2005, S.25). Dadurch wird deutlich, dass die soziale Dimension im Entscheidungsverhalten eine besondere Rolle einnimmt. Es geht darum, Akteure zu koordinieren, die für eine Entscheidung wichtig sind, kommunikative Differenzen zu bewältigen, mit Erwartungsunsicherheiten umzugehen sowie die Neben- und Fernwirkungen des eigenen Handelns und das der Gruppe zu berücksichtigen (Schimank 2005, S.125). Zusätzlich verschärft ein geforderter Zeitdruck, der insbesondere vom Management ausgehen kann, die Dringlichkeit einer Entscheidung.

Demnach wird es zunehmend notwendig, neue Handlungsstrategien und Strukturen für Entscheidungen zu entwickeln, die Gruppen einen Umgang mit Unsicherheit ermöglichen, da erlernte Verhaltensformen und strukturelle Rahmenbedingungen den vorherrschenden Anforderungen nicht mehr gerecht werden.

Der Hauptforschungsgegenstand der Dissertation besteht in der soziologischen Analyse von Entscheidungen unter Unsicherheit in Unternehmen, im Besonderen im Innovationsmanagement. Es handelt sich hierbei um innovative Produkt- und Prozessentscheidungen. Bedeutend dabei sind die Wechselwirkungen zwischen Makro-, Meso- und Mikroebene. Auf der Makroebene werden die Strukturen und langfristigen Dynamiken von sozialen Systemen untersucht (Joas 2007, S.108), wie z.B. der Einfluss von Unsicherheit auf unternehmerische Strukturen. Die Mesoebene befindet sich zwischen der Makro- und Mikroebene und fokussiert sich auf die zwischenmenschlichen Beziehungen, die in Netzwerken, Gruppen oder Unternehmen entstehen (Joas 2007, S.135), z.B. auf das Gruppenverhalten während des Entscheidungsprozesses. Die Mikroebene umfasst schließlich alle Strukturen, deren Elemente Individuen sind (Wienold 2007, S.432). Hierzu zählt z.B. die individuelle Charakterisierung von Akteuren. Aus der Zielsetzung ergeben sich folgende Fragen:

- Wie sieht ein sinnvoller Entscheidungsprozess unter Unsicherheit aus?
- Welche Faktoren auf der Makro-, Meso- und Mikroebene beeinflussen Entscheidungen unter Unsicherheit in der Gruppe?
- Welche Zusammenhänge bestehen zwischen den einzelnen Einflussfaktoren?
- Welches sind die stärksten Einflussfaktoren für Entscheidungen unter Unsicherheit?
- Welches sozialwissenschaftliche Erhebungsinstrument ist für die Untersuchung der beschriebenen Zielsetzung angebracht?
- Wie gestaltet sich die Praxistauglichkeit der gewonnenen theoretischen Einflussfaktoren für Entscheidungen unter Unsicherheit in Gruppen?

Die Dissertation richtet sich an alle, die im Umfeld des Innovationsmanagements in Unternehmen tätig sind, um die Zusammenhänge und Wechselwirkungen der Gruppendynamik in Entscheidungsprozessen zu verstehen, neue Handlungsmuster zu entwickeln und bestehende Strukturen zu überdenken. Es geht darum, aus soziologischer Sicht Transparenz über die gruppendynamischen Prozesse in Unternehmen zu schaffen und zu überprüfen, ob die relevanten Einflussfaktoren Berücksichtigung finden.
Vom Gegenstand der Dissertation ist eine erneute Diskussion über mathematische entscheidungstheoretische Modelle ausgenommen.

1.3 Einordnung und Aufbau der Dissertation

Die Dissertation wird in den forschungstheoretischen Schwerpunkt der Soziologie eingeordnet, welche „soziales Handeln deutend verstehen und dadurch in seinem Ablauf und in seinen Wirkungen ursächlich erklären will" (Weber 1972, S.1). Handeln bezeichnet dabei ein mit subjektivem Sinn verbundenes Verhalten. Dabei geht die Soziologie grundsätzlich den zwei zentralen Aspekten der Struktur und des Handelns nach. Es findet der deduktive Forschungsansatz Anwendung, der einerseits der Einbettung von Entscheidungen in Strukturen eines Unternehmens und anderseits der Dynamik des Handelns während des Entscheidungsprozesses Rechnung trägt.

Auf der strukturellen bzw. Makroebene wird eine Analyse von sozialen Gebilden vorgenommen, mit welcher Aussagen über unterschiedliches Verhalten von Individuen in einem sozialen Kontext getroffen werden können (Esser 1993, S.85) - in diesem Fall also von unterschiedlichen Verhaltensweisen der Mitarbeiter im Unternehmen. Dabei wird den Fragen nachgegangen, durch welche Strukturen ein Unternehmen einerseits auf den Wandel reagiert und daher mit Unsicherheit umgehen kann, und anderseits hinreichend Stabilität schafft, dass Entscheidungen getroffen werden können.
Auf der handlungstheoretischen bzw. Mikroebene wird dem dynamischen Aspekt mit der Analyse von Entscheidungssequenzen nachgegangen. Auf der Mikroebene wird das Handeln von Akteuren erklärt, beispielsweise wie der Entscheidungsprozess wahrgenommen wird und welche Entscheidungsstrategien daraus folgen. Soziale Prozesse spielen hierbei eine entscheidende Rolle, da Sequenzen des Ablaufs und der Wirkungen sozialen Handelns sich an Situationen orientieren (Esser 1993, S.3).
Demnach bilden auf der einen Seite soziale Gebilde in Form von Gruppen und Unternehmensstrukturen und auf der anderen Seite soziale Prozesse in Gestalt von Entscheidungsabläufen zwei zentrale Erklärungsgegenstände dieser Dissertation. Auf die Mesoebene wird beim Aufbau des Analysemodells konkret eingegangen.

Die Arbeit ist in einen theoretischen und einen empirischen Teil gegliedert. In Kapitel 2 wird zunächst auf den Stand der wissenschaftlichen Forschung eingegangen. Darin werden zentrale Begriffe definiert und aufgezeigt, welche Ansätze es bisher zur Problemstellung dieser Dissertation gibt. Dazu werden Ansätze aus der Soziologie, der Betriebswirtschaft (Innovationsmanagement) und Gruppensoziologie / -psychologie herangezogen.
Anschließend widmet sich Kapitel 3 dem Aufbau des Bezugsrahmens, woraus sich das spätere Analysemodell entwickelt. Hierbei wird ein organisationssoziologisches Modell als Grundlage herangezogen und der Fragestellung entsprechend mit theoretisch relevanten Inhalten gestützt. Dieses theoretische Analysemodell wird anschließend in Kapitel 4 praktisch überprüft. Im empirischen Teil dieser Arbeit wird auf die verwendeten Methoden eingegangen und die Ergebnisse dargelegt.

2 Stand der wissenschaftlichen Forschung

Zunächst wird ein Überblick zum wissenschaftlichen Stand der Forschung bezüglich Unsicherheit, Innovationsmanagement und Gruppenentscheidungen gegeben. Dabei ist es Ziel, ein gemeinsames Verständnis bezüglich der Begriffe, aber auch deren Bedeutung für Einflussfaktoren und Wechselwirkungen herauszuarbeiten.

2.1 Unsicherheit

Unsicherheit und Risiko werden im alltäglichen Sprachgebrauch oft synonym verwendet. Um ein klares Verständnis für die charakteristischen Eigenschaften einer Entscheidung unter Unsicherheit zu erlangen, werden zunächst der Begriff des Risikos und anschließend der Begriff der Unsicherheit definiert.

Risiko wird in der Entscheidungstheorie mit Verlusterwartung beschrieben. In ähnlicher Richtung definiert Luhmann „Risiko“ als eine eigene Entscheidung, dessen unerlässliche Ursache das Eintreten eines möglichen Schadens sein kann (Fuchs-Heinritz 2007, S.559). Dem widerspricht Büscher (2004, S.20), der Risiko in drei Dimensionen definiert. Erstens muss über ein Ereignis entschieden werden, dessen Folgen unklar sind und zu dem es kaum Erfahrungswerte gibt. Dadurch entsteht Unsicherheit über die richtigen Entscheidungen bzw. über die richtige Einschätzung der Folgen der Entscheidung. Zweitens besteht eine hohe Komplexität bestehender Strukturen, welche zu einer Unsicherheit über die sachlich korrekte Einschätzung (Art und Umfang) einer Entscheidung führt. Drittens nehmen Akteure Gefahren unterschiedlich wahr. Dadurch entsteht Unsicherheit über eine vernünftige Vorgehensweise zur Bewältigung der Problematik im Konsens mit den in der Zukunft zu erwartenden Präferenzen, anhand derer die Entscheidungsfolgen bewertet werden. Diese drei Dimensionen beschreiben nach Ansicht der Verfasserin nicht den Begriff des Risikos, sondern in Anlehnung an Dörner die Ursachen für Unsicherheit: unklare Folgen, hohe Komplexität, unterschiedliche Wahrnehmung. Aus den Definitionen entsteht der Eindruck, dass Unsicherheit die kausale Ursache von Risiko ist. Dies soll jedoch im Folgenden widerlegt werden.

Unsicherheit wird in der Literatur als ein theoretisches Konstrukt beschrieben, welches aus den folgenden Charakteristika besteht (Nothbaum 1997, S.21-24):

- der Abwesenheit von Wissen und dem partiellen Wissen über zukünftige Ereignisse,
- einem emotionalen Zustand der Unentschlossenheit,
- der Ambiguität (Widersprüchlichkeit), dass das begrenzte Wissen über einen Prozess zum Eintreffen bestimmter Ergebnisse führt.

Das Antonym zu Unsicherheit ist die Sicherheit. Als Unsicherheit bezeichnet man einen bewusst wahrgenommenen Mangel an Sicherheit. Sicherheit bedeutet maximales Wissen über einen Sachverhalt und deren Zusammenhänge und Wechselwirkungen. Die Vor- und Nachteile einer Situation sind bekannt, sodass auch die Handlungsfolgen vorhersehbar sind. Der Akteur schätzt seine Situation aufgrund von Erfahrungswerten als sicher ein.

Beim Risiko sind die Handlungsfolgen aufgrund mathematischer Wahrscheinlichkeiten abschätzbar. Diese Abschätzung liegt bei Unsicherheit nicht vor.

Unsicherheit beruht im Gegensatz zum Risiko auf einer kognitiven Konstruktion aus Nichtwissen, Unentschlossenheit, Widersprüchlichkeit, geringer Urteilsfähigkeit von unklaren Handlungsfolgen und einer Situation, in der auf keine Erfahrungswerte zurückgegriffen werden kann. Demnach ist Risiko dem Konstrukt der Unsicherheit zeitlich nachgelagert, da der Akteur sein Unwissen mit der Suche nach Informationen reduziert und Erfahrungswerte und Wahrscheinlichkeiten über zukünftige Ereignisse sammelt. Unsichere Situationen lassen sich am besten aus der Perspektive eines Akteurs beschreiben, der vor undurchsichtigen, verschlossenen Türen steht und sich, ohne zu wissen, welche Tür die richtige ist, entscheiden muss, welche er öffnet. Bei einer risikoreichen Situation wüsste der Akteur aufgrund von Erfahrungen und Informationen, welche der Türen mit hoher Wahrscheinlichkeit die richtige oder falsche ist.

Nach der erfolgten Abgrenzung der Begriffe Unsicherheit und Risiko werden im Folgenden die Ursachen der Entstehung von Unsicherheit näher betrachtet. Die soziologische Betrachtung der Ursachen von Unsicherheit wird nach Reihlen durch den rasanten technologischen und sozialen Wandel der Moderne zur Postmoderne erklärt.

Dabei haben sich die philosophischen Leitmaxime Gewissheit, Stabilität und Singularität von der Moderne hin zur Postmoderne mit Ungewissheit, Anpassungsfähigkeit und Pluralität verändert. Die Postmoderne ist geprägt von einer Wissensgesellschaft statt moderner Industriegesellschaft, Innovationswettbewerb statt Preiswettbewerb, flexibler Spezialisierung statt Massenproduktion, Heterarchie und Netzwerk statt Hierarchie, hochdifferenzierter und individueller Konsumption statt Massenkonsumption, kooperativer und anonymer Marktbeziehungen statt anonymer Beziehungen zu Marktteilnehmern, Marktderegulierung und kooperativer Technologiepolitik statt Marktregulierung und Wohlfahrtsstaat (Reihlen 1999, S.280). Diese technologischen und sozialen Veränderungen lösen bestehende Strukturen in der Gesellschaft ab, die bisher für Orientierung und Sicherheit gesorgt haben und schaffen neue Anforderungen an die in ihr agierenden Menschen. Diese Neuartigkeit durch Veränderung sorgt immer dann unweigerlich für Unsicherheit, wenn Akteure mit bestehenden Denk- und Handlungsprozessen auf diese Veränderungen reagieren wollen.

Die zunehmende Unsicherheit wird oft auch auf die Folgen der Globalisierung zurückgeführt. Daher scheint es an dieser Stelle sinnvoll, den Begriff Unsicherheit um diesen Ansatz zu ergänzen. Nach Giddens (1995) und Blossfeld (2006, S.62) führen folgende Prozesse in modernen Gesellschaften zur Globalisierung:

- Manipulation von Raum und Zeit durch neue Informations- und Kommunikationstechnologien, die zu einer Beschleunigung von Marktprozessen aufgrund weltweit zunehmender Vernetzung führen,
- Lösung von Institutionen und sozialen Systemen aus ihren traditionellen und interaktiven Zusammenhängen, Internationalisierung von Märkten, welche zu einer Zunahme unvorhersehbarer Marktentwicklungen aufgrund einer steigenden Instabilität und Verwundbarkeit lokaler Märkte durch externe weltweite Schocks (z.B. 11. September 2001 oder die Finanzkrise im Herbst 2008) führt,
- verstärkter Standortwettbewerb zwischen Sozialstaaten, Politik der Deregulierung, Privatisierung und Liberalisierung.

Die einzelnen Ursachen der Globalisierung führen in Summe durch den beschleunigten technologischen Wandel zu Unsicherheit, weil es weniger zeitliche noch räumliche Grenzen gibt, die Vernetzungen von kausalen Zusammenhängen kaum noch erfassbar sind und bestehende Strukturen, die für Sicherheit und Orientierung gesorgt haben, sich anpassen bzw. auflösen.

Aus Sicht des Funktionalismus sieht Feldmann die Globalisierung als die Ausweitung einer mächtigen Gesellschaft. Während sich die Gesellschaft in einfachen Kulturen auf wenige Stämme bezog, herrscht in der Postmoderne eine Weltgesellschaft vor. Globalisierungswellen finden am traditionsbestimmten Lokalismus von Menschen ihre Grenzen. Doch das Internet wie auch andere Kommunikationstechnologien erfordern für Gruppen neue Strukturen, z.B. entsprechende Netzwerkmodelle (Feldmann 2006, S.361).

Gerade in der Arbeitswelt bildet die beschriebene Unsicherheit eine elementare Antriebskraft: die Angst davor, nichts zu tun. „In einer dynamischen Gesellschaft ist der Stillstand wie der Tod“ (Sennett 2006, S.116). Das bedeutet, dass das Treffen von Entscheidungen unter

Unsicherheit wichtiger als jemals zuvor ist. Entscheidungen nicht zu treffen oder getroffene Entscheidungen nicht umzusetzen, kann weitreichende Folgen haben.
„Bei der Konfrontation mit etwas, das ungewiss, konfliktträchtig und daher beunruhigend ist, richtet sich die Aufmerksamkeit des Menschen eher auf die unmittelbaren Umstände als auf langfristige Perspektiven" (Sennett 2006, S.120). Eine Person, die sich in einem solchen Konflikt befindet, fixiert die Aufmerksamkeit auf das naheliegendste Problem und blendet den größeren Zusammenhang aus (Sennett 2006, S.121).
Durch diese Unsicherheiten fällt es zunehmend schwerer, kalkulierende und rationale Entscheidungen zu treffen, weil einerseits die Anzahl an Handlungsalternativen steigt, andererseits jedoch die Vorhersehbarkeit ihrer Folgen und Wechselwirkungen unschärfer werden (Blossfeld 2006, S.64). Gerade langfristig angelegte Entscheidungen, wie das Planen und Entwickeln von Innovationen, werden schwieriger. Tendenziell wird kurzfristig geplant und es kommt zu einer systematischen Unterbewertung langfristiger Interessen von Unternehmen und ihren Mitarbeitern (Blossfeld 2006, S.65).
Eine weitere Auswirkung der Unsicherheit ist die Herausforderung, Vertrauen aufzubauen und zu erhalten. „Vertrauensbeziehungen beruhen im Allgemeinen auf der Bereitschaft, sich selbst langfristig an jemanden oder etwas zu binden, gleichzeitig aber auch in einen langfristig orientierten Austausch von Leistungen einzutreten (sowohl Arbeitnehmer als auch Arbeitgeber vertrauen darauf, dass ihre Abmachungen auch langfristig eingehalten werden)" (Blossfeld 2006, S.66). In Zeiten wirtschaftlicher Rezession kann es ohne vertrauensvolle Strukturen zu anomischen Zuständen kommen. Durkheim prägte den Begriff der Anomie als Zustand der Normlosigkeit, welcher zu einem erhöhten Aufkommen abweichenden Verhaltens führen kann (Fuchs-Heinritz 2007, S.38).
„Vieles von dem, was in künftigen Gegenwarten der Fall sein wird, hängt von Entscheidungen ab, die jetzt (in der Gegenwart) zu treffen sind" (Luhmann 2006, S.136). „Wir können uns sicher sein, dass wir nicht sicher sein können, ob irgendetwas von dem, was wir als vergangen erinnern, in der Zukunft so bleiben wird, wie es war" (Luhmann 2006, S.136). Diese beiden Aspekte, die Entscheidungsabhängigkeit und die Unvorhersehbarkeit der Zukunft, sind nach Luhmann offensichtlich eng miteinander verknüpft. Luhmann spricht von drei Dimensionen, um zu erklären, auf welche Weise die Postmoderne sich entwickelt und warum sie Unsicherheiten hervorruft: es sind hierbei die sachliche, die soziale und die zeitliche Dimension, auf die im Anschluss näher eingegangen wird (Abb.1).

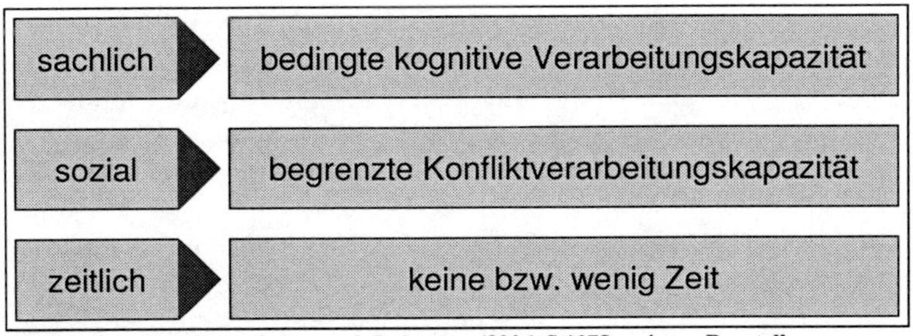

Abbildung 1: Sinndimensionen nach Luhmann (2006, S.137f) – eigene Darstellung

Die sachliche Dimension umfasst die Gesamtheit der Zeichenverwendung, den Gebrauch der Sprache und die Informationsverarbeitung (Luhmann 2006, S.137). Mit anderen Worten umfasst dies das gesamte menschliche Repertoire an Sprache, Ausdruck, Gestiken, Mimiken, Metaphern und die Art und Weise, wie Wissen und Informationen gesucht, gefunden, gespeichert und verarbeitet werden. „Die Informationsbeschaffung unterliegt zumeist bei den einzelnen Entscheidungsträgern erheblichen Schwankungen" (Brettschneider 2000, S.38) und stellt durch die Subjektivität ein Problem dar. Eine Studie von „Business Objects" bekräftigt diese Tatsache mit dem Ergebnis, dass die Hälfte der befragten Manager befürchten, aufgrund fehlender oder nicht ausreichender Informationen falsche Entscheidungen zu treffen (life PR, 2007). Die Herausforderung für die Entscheidungsakteure liegt zum Einen darin, den Informationsgehalt des eigenen Beitrags in einer Gruppenentscheidung zu berücksichtigen, zum Anderen den Informationsgehalt der Beiträge der anderen Gruppenmitglieder wahrzunehmen und diese Gruppenbeiträge zueinander in Beziehung zu setzen (Brettschneider 2000, S.22).

Die zweite Dimension ist die soziale. In dieser kommt es im Zuge der Moderne zum Autoritätsverlust (Luhmann 2006, S.139). Damit ist die Kompetenz gemeint, sich zu repräsentieren und andere zu überzeugen. Autorität basiert auf Wissen und/oder Macht und der Kenntnis, die Zukunft nach eigenen Vorstellungen zu gestalten. Aber gerade weil diese so ungewiss ist, kommt es zum Verlust der Autorität. An dessen Stelle tritt die „Politik der Verständigungen". Hierbei handelt es sich um ausgehandelte Vereinbarungen, die nur für eine gewisse Zeit Gültigkeit haben. Der Vorteil besteht darin, dass die „Politik der Verständigungen" nicht diskreditiert werden kann, da bestehende Ergebnisse nur neu ausgehandelt werden müssen. Bei dem Versuch, sich z.B. mit Experten zu verständigen, muss ebenfalls von deren Unsicherheit ausgegangen werden, keine eindeutige Antwort auf Fragen zu erhalten. Die Herausforderung für die Entscheidungsakteure liegt hierbei im Umgang mit der Zustimmung bzw. Ablehnung der eigenen Gesprächsbeiträge

(Situationsbeurteilung, Handlungspräferenz) für eine Entscheidung und der Aushandlung einer gemeinsamen Lösung (Brettscheider 2000, S.22). Hierbei spielen individuelle Bedürfnisse, Emotionen, Interessen und Präferenzen (Ziele, Überzeugungen) genauso eine wichtige Rolle wie die Kosten und Nutzen eines Gesprächsbeitrages (Lindenberg 1985, S.100; Elster 2006, S.65).

Die dritte Dimension ist die zeitliche. „Es gibt nur eine provisorische Voraussicht und ihr Wert liegt nicht in der Sicherheit, die sie gewährt, sondern in der raschen und spezifischen Anpassung an eine Realität, die anders ausfällt als man erwartet hat“ (Luhmann 2006, S.140). Unter Berücksichtigung des schnellen technologischen Wandels und des Innovationswettbewerbs in der Postmoderne steht für Entscheidungen unter Unsicherheit oft nicht genügend Zeit zur Verfügung. Dies kann zu vorschnellen, nicht ausreichend analysierten Entscheidungen und zu Konflikten innerhalb der Gruppe führen. Allerdings trägt der Zeitdruck bei Gruppen auch dazu bei, tatsächlich eine Entscheidung zu treffen (Brettscheider 2000, S.22).

Die sachliche und zeitliche Dimension zeigen ihre Auswirkungen auf die soziale Dimension, auf die sich diese Dissertation konzentriert.

Es bleibt festzuhalten, dass die hohe Geschwindigkeit von Innovationen, die Beschleunigung von Marktprozessen, das Vorhandensein unvorhersehbarer Marktentwicklungen, die Manipulation von Raum und Zeit und die Lösung von Institutionen aus ihrem traditionellen Ursprung eine zunehmende Unsicherheit hervorbringen, die alle gesellschaftlichen Systeme ohne Ausnahme, jedoch mit einem unterschiedlichen Ausmaß, treffen. Da sich Innovationsabteilungen per Definition mit dem Neuen beschäftigen, sind sie besonders stark von diesen Entwicklungen tangiert. Gerade dort stehen die Akteure vor einem Paradoxon. Einerseits müssen sie langfristig Innovationen entwickeln, die eine Vielzahl von Anforderungen stellen, die heute teilweise unbekannt sind bzw. sich in der Zukunft ändern können. Andererseits werden sie für eine Arbeit erfolgsorientiert bezahlt, deren Ergebnis erst in einigen Jahren sichtbar sein wird. Da es noch kein Modell für Einflussfaktoren auf Gruppen bei Entscheidungen unter Unsicherheit gibt, wird im Folgenden näher auf die Besonderheiten und die Bedeutung von Entscheidungen im Innovationsmanagement eingegangen, woraus die Verfasserin Erkenntnisse ableitet.

2.2 Innovationsmanagement

In diesem Kapitel wird der Begriff des Innovationsmanagements definiert und erklärt, warum dieses einen „Extremfall" für Entscheidungen unter Unsicherheit darstellt. Dazu wird sowohl auf die Prozesse, als auch auf die nötigen Strukturen des Innovationsmanagements eingegangen. Die Herausarbeitung der Bedeutung von Entscheidungen in diesem Unternehmensbereich und die Anforderungen an Gruppen bilden die Ziele des Kapitels.

2.2.1 Definition und Aufgaben

„An innovation is an idea, practice or object that is perceived as new by an individual or unit of adoption. It matters little, so far as human behaviour is concerned, whether or not an idea is 'objectively' new as measured by the lapse of time since its first use or discovering. The perceived newness of the idea for the individual determines his or her reaction to it. If the idea seems new to the individual, it is an innovation" (Rogers 2003, S.12).
Um Innovationsmanagement zu definieren prägte Schumpeter den Begriff der „Schöpferischen Zerstörung", der auf Friedrich Nietzsche zurückgeht. Aus der Ökonomie stammend, lautet die Kernaussage: jede ökonomische Entwicklung baut auf dem Prozess der schöpferischen bzw. kreativen Zerstörung auf. Durch die Zerstörung von alten Strukturen werden die Produktionsfaktoren immer wieder neu geordnet. Die Zerstörung ist also notwendig und nicht etwa ein Systemfehler, damit Neuordnung stattfinden kann. Auslöser für die „Schöpferische Zerstörung" sind Innovationen, die von den Unternehmern mit dem Ziel vorangetrieben werden, sich auf dem Markt durchzusetzen (Schumpeter 1964, S.100).
Der Begriff „Innovation" leitet sich vom lateinischen Wort „innovatio" ab und steht für Neuerung, Erneuerung, Neueinführung oder Neuheit (Vahs/Burmester 2005, S.45). Es gibt unterschiedliche Aussagen darüber, was „neu" inhaltlich bedeutet. Dies ist davon abhängig, in welchem Kontext diese Neuerung betrachtet wird. Nach Vahs und Burmester besitzt eine Innovation einen hohen Neuigkeitsgrad, was bedeutet, dass die Problemlösung über den bisherigen Erkenntnisstand hinausgeht. Je höher der Neuigkeitsgrad einer Innovation, desto unmöglicher wird es, auf vorhandene Erfahrungswerte zurückzugreifen. Dies stellt gegenüber Wettbewerbern wiederum einen Vorsprung und somit Wettbewerbsvorteil dar. Innovationen besitzen einen hohen Unsicherheitsfaktor, denn es können keine Wahrscheinlichkeiten über die für den Eintritt relevanten Ereignisse getroffen werden. Durch vielfältige Verbindungen der Beteiligten an einer Innovation innerhalb des

Unternehmens und den teilweise nicht linear-zeitlichen Verlauf einzelner dynamischer Innovationsphasen entsteht ein hoher Komplexitätsgrad. Folglich sind die Handlungen der beteiligten Personen oftmals unvereinbar und Konflikte vorprogrammiert. Ein hoher Konfliktgehalt ist jedoch wiederum für ein innovationsbewusstes Unternehmen förderlich (Vahs/Burmester 2005, S.51ff).

Innovationsmanagement ist die dispositive Gestaltung von Innovationsprozessen (Hauschildt 1993, S.23). Dabei ist das Gesamtziel, einen langfristigen Wettbewerbsvorteil zu erlangen und den ökonomischen Erfolg sowie den Fortbestand eines Unternehmens zu sichern. Das Innovationsmanagement „schließt alle Aktivitäten des Wertschöpfungsprozesses bis hin zur Markteinführung eines neuen Produktes einschließlich der unterstützenden Funktionen in den Bereichen Personalmanagement, Organisation, Rechnungswesen und Finanzierung mit ein“ (Vahs/Burmester 2002, S.49). Teil des Innovationsmanagements sind Forschung und Entwicklung sowie das Technologiemanagement. Zu den Hauptaufgaben des Innovationsmanagements gehören demnach die Planung, Steuerung und Kontrolle von Innovationsprozessen. Dies beginnt bei der Festlegung von Innovationszielen und -strategien über die Ausrichtung des jeweiligen Innovationsmanagements. Diese Strategien werden kontinuierlich verfolgt und kontrolliert. Im Innovationsmanagement werden Entscheidungen darüber getroffen, ob und welche Innovationen durchgeführt werden, vor allem auch unter Berücksichtigung wirtschaftlicher Gesichtspunkte.

Der institutionalisierte Innovationsmanagementprozess lässt sich in drei Hauptphasen gliedern: die Initial-, Entwicklungs- und Implementierungs- bzw. Beendigungsphase (Kieser/Kubicek 1992, S. 379; Hauschildt 1993, S.16ff; Lühring 2003, S.123; Thom 1980, S.53; Vahs/Burmester 2005, S.85). Der Prozess wird im Folgenden dargestellt und die gruppendynamischen Herausforderungen auf der sozialen Ebene herausgearbeitet.

Die Initialphase ist dadurch geprägt, dass Akteure eine Idee verfolgen und einige Zeit daran arbeiten, bis sie zu einem offiziellen Innovationsprojekt heranreift (Lühring 2003, S.123). Ob im Anschluss Ressourcen (Geld, Mitarbeiter) aufgewendet werden, ist von internen und externen Schocks abhängig. So kann die Konkurrenz mit einer Innovation schneller auf dem Markt sein (externer Schock), können die eigenen Unternehmensgewinne für eine Investition nicht bereit gestellt werden (interner Schock) oder kann die bestehende Unternehmensstruktur gravierende Koordinationsprobleme aufwerfen (interner Schock). Im letzten Schritt der Initialphase werden Geschäftspläne, die u.a. Ressourcenkalkulationen und Umsetzungsstrategien beinhalten, entwickelt und verkauft, um die erforderlichen internen (Controlling) oder externen Ressourcen (Darlehen) zu erhalten. Die

gruppendynamische Herausforderung besteht in dieser Phase darin, durch Kreativität und Offenheit einen Ideengenerierungsprozess zu aktivieren, der hinreichend toleranter Akteure bedarf und mit wenig Steuerung aus der Hierarchie auskommen muss.
In der Entwicklungsphase werden die gewonnenen innovativen Ideen nach unterschiedlichen Konzepten aufgeteilt. Unerwartete Probleme während des Innovationsprozesses sind an der Tagesordnung und führen oft dazu, dass Zeit- und Budgetplanungen nicht eingehalten werden können. Hinzu kommt, dass sich Kriterien für Erfolg und Misserfolg ändern. Controller und Entwickler legen unterschiedliche Maßstäbe an, welche zu Konflikten und Machtkämpfen führen. Innovationsprozesse sind dann erfolgreich, wenn bestimmte, sich ergänzende Rollen übernommen werden: Fachpromotoren, Machtpromotoren und Prozesspromotoren. Diese Rollen lassen sich nur zum Teil formalisieren und müssen sich daher selbständig herausbilden. Hierbei sind unterschiedliche und interdependente Aktivitäten zu beobachten, die eine besondere Koordination erfordern. Innerhalb der sozialen Dimension stehen v.a. Führungskräfte vor besonderen Herausforderungen, da Euphorie und Frustration eng nebeneinander liegen. Sie müssen zusätzlich dafür sorgen, dass die Beziehungen zwischen den anderen Abteilungen, die für die Innovation bedeutend sein könnten, aufrechterhalten werden. Hierbei verläuft die Entwicklung häufig von kooperativen zu konkurrenten Beziehungen, die zu politischen Machtkämpfen führen und eines der elementaren Elemente im Innovationsprozess, die Kreativität, in den Hintergrund treten lassen.
In der Implementierungs- und Beendigungsphase zeigt sich, ob die Innovationen umgesetzt oder eingestellt werden. Das Management attribuiert Erfolg oder Misserfolg zu den Innovationsprojekten und den Beteiligten, indem es die Innovationen umsetzt oder verwirft. Dieser Vorgang hat entscheidenden Einfluss auf zukünftige Projekte, die Motivation und die Karrieren der Beteiligten.
Innovationsprozesse sind - im Vergleich zu anderen Prozessen im Unternehmen - durch ein erhöhtes Maß an Unsicherheit sowie mehrstufige und extrem komplexe Entscheidungssituationen gekennzeichnet. Ebenfalls werden hohe Anforderungen an fachliche, methodische, soziale und persönliche Kompetenzen der beteiligten Personen gestellt (Vahs/Burmester 2005, S.51f), denen ein eigenes Kapitel (3.3.1) gewidmet wird. Entscheidungsakteure müssen einerseits einen weiten Horizont von zukünftigen Entwicklungen auf allen gesellschaftlichen, technologischen, ökologischen und ökonomischen Bereichen überblicken, beobachten und deren Wechselwirkungen frühzeitig antizipieren. Andererseits müssen sie sich an den langfristigen Strategien des Unternehmens orientieren und sich immer wieder mit den anderen Unternehmensbereichen, vorrangig der

Grundlagenforschung, sowie mit den funktionalen Organisationseinheiten Produktion, Personal, Einkauf und Vertrieb abstimmen.
Zu Innovationsprojekten lässt sich nach Kieser/Kubicek folgende Hypothese aufstellen: „Je neuartiger und aufwändiger ein Innovationsprojekt ist und je länger der Innovationsprozess dauert, desto wahrscheinlicher ist das Auftreten kritischer Ereignisse und desto ausgeprägter werden sie sein“ (Kieser/Kubicek 1992, S.379-380).
Als Resultat ist festzuhalten: ein Innovationsmanagement ist für die Wettbewerbsfähigkeit von Unternehmen notwendig und bildet einen Extremfall für Entscheidungen unter Unsicherheit. Der Innovationsmanagementprozess ist von permanenten Veränderungen geprägt, welche hohe Anforderungen an die kommunikativen Fähigkeiten aller im Entscheidungsprozess beteiligten Akteure stellen. Die Führungskräfte stehen in einem Spannungsfeld zwischen der Führung der eigenen und der Koordination anderer tangierender Gruppen. Die Ausführungen dieses Kapitels stellen die Bedeutung der sozialen Dimension bei Entscheidungen unter Unsicherheit klar heraus. Es stellt sich die Frage, welche weiteren Faktoren im Innovationsmanagement eine bedeutsame Rolle spielen.

2.2.2 Erfolgsfaktoren im Innovationsmanagement

Für eine innovationsbewusste Unternehmung, die mit ihrer Innovationstätigkeit langfristig und nachhaltig Wettbewerbsvorteile sichern will, beschreibt Hauschildt sechs Erfolgsbausteine (Hauschildt 1993, S.79f), welche der sozialen Dimension zugeordnet werden. Es muss eine Systemoffenheit bestehen, sodass ein Unternehmen für einen Innovationsdialog offen ist und sich nicht nach außen abschirmt. In Bezug auf den Organisationsgrad versucht ein innovationsbewusstes Unternehmen mit möglichst wenig organisatorischen Verpflichtungen auszukommen, um einen größtmöglichen Handlungsspielraum sicherzustellen. Daraufhin geht Hauschildt auf die sachliche Dimension ein und beschreibt, dass der Informationsstil sowie die Kommunikations- und Informationswege locker geregelt und wenig kontrolliert werden dürfen. Es ist förderlich, den formalen Instanzenweg für innovative Informationen zu umgehen und der Diskussion von Innovationsproblemen mehr Priorität gegenüber Routineproblemen einzuräumen. Eine sehr gute Konfliktfähigkeit seitens der Beteiligten fördert Innovationen, die aus bewusst provozierten Auseinandersetzungen entstehen. Die Rekrutierungsanforderungen für Mitarbeiter in Innovationsabteilungen betreffend müssen unkonventionelle, konfliktfähige, Konflikt produzierende Menschen gesucht werden, denen Problemstellungen im Unternehmen auf- sowie neue und bessere Problemlösungen einfallen. Zudem ist es zwingend erforderlich, Kompetenzen und Verantwortung flexibel zu handhaben. Es bedarf der Anerkennung, dass jemand außerhalb eines eng abgegrenzten Kompetenzbereichs eine Idee weiterverfolgt, die zu einer betrieblich verwertbaren Lösung führt, erfolgreiches Handeln außerhalb der Kompetenz somit belohnt wird.

Vahs/Burmester kritisieren, dass in der Erfolgsfaktorenforschung die situativen Einflüsse zumeist unvollständig betrachtet werden und eine Differenzierung der Einflussgrößen hinsichtlich der verschiedenen Innovationsarten nicht erfolgt (Vahs/Burmester 2005, S.375). Nennenswerte interne und externe Einflussgrößen für die erfolgreiche Durchführung von Innovationsprozessen sind beispielsweise die Führungsstruktur, der Führungsstil, die Art und Weise der internen Kommunikation, die Fehlerkultur und die Prozessorientierung (soziale Dimension). Im Umfeld des Unternehmens sind es beispielsweise das Verhalten der Wettbewerber, die Einflussnahme des Gesetzgebers auf die Innovationstätigkeit oder die Verfügbarkeit von Forschungsergebnissen staatlicher Stellen (Vahs/Burmester 2005, S.374ff).

Nach Behrends sind die drei Dimensionen organisationaler Innovativität Innovationsbereitschaft, Innovationsfähigkeit und Innovationsmöglichkeit (Behrends 2001, S.96). Die Innovationsbereitschaft beschreibt dabei das „Wollen“, die Innovationsfähigkeit das „Können“ und die Innovationsmöglichkeit das „Dürfen“. Dementsprechend geht Behrends von drei Grundvoraussetzungen organisationaler Innovativität aus: Spannungen, lose Kopplung und Slack (Behrends 2001, S.133). Spannungen erzeugen den notwendigen Handlungsdruck, der durch externe Herausforderungen, interne Widersprüche, Präferenzen und Überzeugungen der einzelnen Akteure und unterschiedlichen Interpretationen des gleichen Ereignisses erzeugt wird. Die lose Kopplung bildet wichtige Verhaltensspielräume für die Akteure. Sie schafft Autonomie im Arbeitsprozess, besitzt eine Pufferfunktion und führt so zu einer Kultur der Fehlertoleranz. Eine zu enge Kopplung des persönlichen Karriereerfolgs an den Erfolg von Innovationen hemmt die Bereitschaft der Akteure, auf die sich bietenden Chancen und Risiken mit innovativem Verhalten zu reagieren (Becker 1987, S.37). Schließlich steht Slack für organisationalen Überfluss von Kapazitäten und beinhaltet somit alle notwendigen, materiellen und personellen Ressourcen und Informationen. Organisationen sind soziale Systeme, in denen Akteure, Prozesse und Strukturen Bestandteile einer allgemeinen Innovationstheorie sind. Diese sorgen dafür, dass Regeln und Institutionen generiert werden und somit die gemeinsame Entscheidungsfindung regulieren (Behrends 2001, S.117). Innovatives Verhalten ist das Produkt organisationaler Handlungslogik mit den richtigen Akteuren.

2.2.3 Bedeutung von Entscheidungen im Innovationsmanagement

Entscheidungen im Innovationsmanagement sind unsicher, weil es darum geht, etwas „Neues“ zu erschaffen und zu Entscheidungen zu treffen. Sie sind von Akteuren und Strukturen (organisationale Merkmale) abhängig und absolut notwendig, um die Wettbewerbsfähigkeit von Unternehmen sicherzustellen, wie der folgendes Zitat von Joachim Milberg, BMW-Aufsichtsratchef und Präsident der Deutschen Akademie der Technikwissenschaften, zur weltweiten Finanzkrise im Herbst 2008 verdeutlicht:

„Zukunftsinvestitionen helfen uns aus der Finanzkrise! Deshalb wäre es fatal, wenn wir jetzt wie in früheren Wirtschaftskrisen zyklisch reagieren würden und anfingen, bei der Forschung und bei den Bildungsausgaben zu sparen. Gerade jetzt sollten wir auf unsere klugen jungen Menschen setzen. Sie sind es, die in den nächsten Jahren wieder für Wirtschaftswachstum sorgen können“ (Joachim Milberg in Spiegel-Online, 20.10.2008).

Entscheidungen im Innovationsmanagement haben per se ein hohes Konfliktpotential und stellen daher hohe kommunikative und soziale Anforderungen an ihre Akteure. Die sachliche, zeitliche und besonders die soziale Dimension beeinflussen diese Art von Entscheidungen maßgeblich. Die Anforderung an Entscheidungen im Innovationsmanagement besteht darin, trotz einer unsicheren Entscheidungssituation, unterschiedlicher Maßstäbe, Konflikte und Machtkämpfe, sich ändernden Rahmenbedingungen langfristig und gesamtgesellschaftlich (ökonomisch, ökologisch und sozial) sinnvollsten Entscheidungen zu treffen. Da die Akteure auf die Gestaltung der sozialen Dimension am meisten Einfluss haben, wird sich die Dissertation hierauf fokussieren, wobei die sachlichen und zeitlichen Dimensionen Berücksichtigung finden. Für die Zielsetzung der Dissertation ist die Kenntnis über das Entscheidungsverhalten von Akteuren relevant.
Das nächste Kapitel wird daher aufzeigen, wie sinnvolle Entscheidungen aussehen können und welche Strategien zur Bewältigung von Unsicherheit existieren.

2.3 Entscheidungen unter Unsicherheit

In diesem Kapitel wird dargestellt, was unter Entscheidungen unter Unsicherheit zu verstehen ist, wie ein sinnvoller Entscheidungsprozess für Gruppen in unsicheren Entscheidungssituationen aufgebaut sein kann und welche einzelnen Strategien Individuen verfolgen, um Unsicherheit zu reduzieren.

2.3.1 Definition

Entscheidungen spielen insbesondere in der Ökonomie, Psychologie, Sozialpsychologie und Soziologie eine entscheidende Rolle, letztere vorrangig bei der Analyse von Entscheidungen in Organisationen. Aus soziologischer Sicht ist eine Entscheidung eine „umfassende Bezeichnung für den Vorgang der Wahl einer Handlung aus einer mehr oder weniger fest umrissenen Menge von Handlungsmöglichkeiten" (Fuchs-Heinritz 2007, S.166).

„Es können Individual-, Gruppen- und Kollektiventscheidungen unterschieden werden. Individualentscheidungen sind dadurch gekennzeichnet, dass eine einzige Person die Aktivitäten des Entscheidungsprozesses, insbesondere die Entscheidungsfindung im Sinne der Auswahl einer Entscheidungsalternative durchführt. Eine Gruppenentscheidung liegt vor, wenn mehrere Personen in enger Interaktion gemeinsam ein Entscheidungsproblem bearbeiten, die Entscheidungsfindung auf einem Diskussionsprozess beruht und von allen Gruppenmitgliedern weitgehend akzeptiert wird. Kollektive Entscheidungen sind dadurch gekennzeichnet, dass die Zahl der Beteiligten so groß ist, dass nicht alle Betroffenen unmittelbare persönliche Kontakte untereinander haben" (Brettschneider 2000, S.38-39; Fuchs-Heinritz 2007, S.256). Im Folgenden werden Gruppenentscheidungen näher betrachtet.

Zum besseren Verständnis von „Entscheidungen unter Unsicherheit" werden nachstehend zwei weitere Definitionen herangezogen, die oft synonym verwendet werden.

Entscheidungen unter Risiko sind „Entscheidungen, in denen der Handelnde, der eine Wahl zwischen seinen Handlungsmöglichkeiten zu treffen hat, nur die Wahrscheinlichkeiten kennt, mit der die verschiedenen möglichen Ergebnisse seiner Aktionen eintreten. Aus den Wahrscheinlichkeiten der Ergebnisse und ihren Nutzen ergibt sich das Risiko einer Handlung. Die Wahrscheinlichkeitsverteilung über die möglichen Ereignisse oder Reaktionen kann durch subjektive Schätzung oder durch Experimente gewonnen werden, bzw. man kann eine Verteilung der Entscheidung zu Grunde legen, die für den Handelnden besonders ungünstig ist oder zunächst alle Ereignisse als gleich wahrscheinlich ansieht" (Fuchs-Heinritz 2007, S.166).

„Entscheidungen unter Unsicherheit sind gegeben, wenn das Eintreffen möglicher Folgen einer Entscheidung kaum eingeschätzt und beurteilt werden kann. Die Informationsbeschaffung unterliegt zumeist bei den einzelnen

Entscheidungsträgern erheblichen Schwankungen" (Brettschneider 2000, S.38). Demnach sind bei Entscheidungen unter Unsicherheit weder Wahrscheinlichkeiten für bestimmte Ereignisse bekannt, noch bestimmte Handlungsmöglichkeiten von „Gegenspielern" einer Entscheidungssituation.
Entscheidungen werden immer in einem sozialen Kontext getroffen, den man durch die Entscheidung mitbestimmt (Büscher 2004, S.24). Wenn viele Mitarbeiter, bevor sie eine Entscheidung treffen, beschließen, erst einmal abzuwarten, dann haben sie mit ihrer Entscheidung dazu beigetragen, dass professionelle Unterstützung knapp und teuer wird, je näher der entscheidende Augenblick naht. Bedeutend ist, dass Organisationen sich nur nach Maßgabe ihrer eigenen Strukturen reproduzieren. Nur ihr eigenes Wissen und ihre eigenen Erwartungen dienen als Grundlage für die weitere Kommunikation. Organisationen haben sich auf den Kommunikationstyp Entscheidungen spezialisiert (Luhmann 1988). Die soziologische Theorie bietet keine Patentlösungen für richtige Entscheidungen unter Unsicherheit, jedoch kann mit ihr aufgezeigt werden, unter welchen Bedingungen Entscheidungen überhaupt getroffen werden können (Büscher 2004, S.210). Daher scheint es bedeutsam, neben den Entscheidungen auch das soziale System einer genaueren Analyse zu unterziehen.
Lorenz stellt zwei Problempole der Entscheidungsfindung dar. Einerseits die Enttraditionalisierung, die die Selbstverständlichkeit grundlegender gesellschaftlicher Gewissheiten zunehmend in Frage stellt und andererseits die Optionenvielfalt, die eine Differenzierung und Erweiterung von Handlungsmöglichkeiten bietet. Beide Aspekte verstärken sich wechselseitig und führen zu einer Verunsicherungsdynamik, die nicht die Handlungsfreiheit, sondern ein kurzfristiges, den neuesten Optionen hinterherlaufendes (Re-) Agieren fördert (Lorenz 2007, S.213). Für das Innovationsmanagement bedeutet dieser Zusammenhang, dass es keine grundlegenden Gewissheiten, routinierte Entscheidungsanforderungen oder Vorgehensweisen für das tägliche Entscheiden gibt und die Optionenvielfalt eher zu einer Überlastung, als zu einer Gestaltungsfreiheit führt.
Entscheidungsfindung unter Unsicherheit hat nach March die Konsequenz, dass die Akteure sich normativ an die Kosten und den Charakter der Informationsbeschaffung und -verarbeitung anpassen und somit dem Phänomen der eingeschränkten Rationalität gerecht werden (Simon, 1957, Radner, 1975, Radner/Rothschild, 1975, Connolly, 1977). Aufgrund dieser Anpassung ergibt sich immer ein Zielkonflikt durch die unterschiedlichen Werte der Beteiligten, deren Präferenzen für oder gegen eine Entscheidung, die sich im Laufe der Zeit ändern und damit unscharf und inkonsistent sind (March 1990, S.301-303). Diese wiederum bestärken die Konzentration und Berücksichtigung der

sozialen Dimension im Entscheidungsprozess. Unter eingeschränkter Rationalität versteht March jedes der Absicht nach (intentional) rationale Verhalten, welches ein Verhalten innerhalb von Restriktionen ist (March 1990, S.302-303). Nach Simon entwickeln Menschen Entscheidungsverfahren, die trotz der Einschränkungen vernünftig sind, selbst wenn sie es bei Wegfall der Einschränkungen nicht mehr sein sollten. Der Autor prägte daher den Begriff „Satisficing“, auf den später bei den individuellen Entscheidungsstrategien noch eingegangen wird. Zunächst wird ein sinnvoller Entscheidungsprozess für Gruppen vorgestellt, der den Anforderungen an eine unsichere Entscheidungssituation gerecht wird und dabei das Modell der „eingeschränkten Rationalität“ unterstellt.

2.3.2 Entscheidungsprozesse in Gruppen

Entscheidungen, die in mehrere aneinander anschließende Entscheidungsvorgänge aufgeteilt sind, werden mehrstufige Entscheidungen genannt. Die Handlungsmöglichkeiten, die sich aus einer bestimmten Stufe ergeben, werden von der Entscheidung auf der vorhergehenden Stufe bestimmt. Mehrstufige Entscheidungen werden auch als dynamischer Entscheidungsprozess bezeichnet (Fuchs-Heinritz 2007, S.166).
Es stellt sich die Frage, wie Gruppen zum Einen Entscheidungen treffen und wie sie zum Anderen Entscheidungen unter Unsicherheit treffen können.
Soziologen haben herausgefunden, dass Gruppen - unabhängig von ihrer Zusammensetzung und ihrer zu erfüllenden Aufgabe - vier Phasen in einem Entscheidungsprozess durchlaufen (Schimank 2007, S.223). Erstens die Orientierungsphase, in der Aufgaben analysiert, Informationen ausgetauscht und Lösungen vorgeschlagen werden. Zweitens die Bewertungsphase, in der Alternativen bewertet werden. Drittens die Auswahlphase, in der weniger erwünschte Optionen ausgeschlossen und die am besten erscheinende Option ausgewählt wird. Viertens die Gleichgewichtsphase, in der sich Gruppenbeziehungen nach der Anspannung einer Entscheidung erholen und folglich ins Gleichgewicht gebracht werden.

Abbildung 2: Phasen der Gruppenentscheidung nach Schimank (2007, S.223) – eigene Darstellung

Der nun dargestellte Entscheidungsprozess basiert auf den Inhalten zahlreicher Wissenschaftler (Rosenstiel 1996, Reither 1997, Fleischer 2001, Drucker 2001, Roger 2003, Recke 2004, Schimank 2005, Dörner 2007), die Entscheidungsprozesse für zunehmende Komplexität oder Innovationen erarbeitet haben. Es wird nun ein für die Fragestellung sinnvoller, gemeinsamer Entscheidungsprozess unter Unsicherheit konstruiert. Hierzu wird zunächst jede Phase beschrieben und anschließend das jeweilige Ziel des Entscheidungsschritts formuliert. Dieser wird später (Kapitel 4.2) auf seine Praxistauglichkeit hin überprüft.

1. Orientierungsphase

Die erste Phase, die der Orientierung, beinhaltet drei Aufgaben: Problembestimmung, Zielsetzung und Kriterienbestimmung zur Alternativensuche.

Die Problembestimmung ist der erste wichtige Schritt innerhalb der Orientierungsphase. Viele Probleme ändern sich in der Zeit zwischen dem Moment, in dem sie als entscheidungsbedürftig wahrgenommen werden, und dem Moment, in dem die schließlich gewählte Entscheidungsalternative in die Tat umgesetzt wird (Schimank 2005, S.204). Die so genannte Eigendynamik der Problemlage wird oft unterschätzt, sodass das Entscheidungsproblem nur unzureichend wahrgenommen wird. „Oftmals werden Problemlösungen angeboten, obwohl zuvor gar kein Problem existierte" (Weick 1985, Rosenstiel 1996, S.197). Nicht selten wird erst im Nachhinein ein Problem für eine Lösung definiert. Bei der Problembestimmung sollte das Problem zunächst klassifiziert werden: wer ist von dem Problem betroffen? Ist es ein unternehmensspezifisches Problem? Ist es ein akutes oder ein zukünftiges Problem? Sodann ist es wichtig, das eigentliche Problem zu definieren und Faktoren zu beobachten, die die Definition unmittelbar betreffen. Falls es zu keinem Konsens kommt, ist eine differenzierte Problemformulierung ratsam (Fleischer 2001, S.18). Das Ziel dieses Entscheidungsschrittes ist eine einheitliche Problemwahrnehmung und Kenntnis über die zeitliche Eigendynamik der Problemlage, wie sie z.B. durch Visualisierung geschaffen werden kann. Damit wird eine gemeinsame Verstehensgrundlage in der sozialen Dimension sichergestellt. Wenn z.B. das Problem in der Umweltverschmutzung liegt, so muss zunächst geklärt werden, was alle Gruppenmitglieder darunter verstehen und was nicht. Nach der Problembestimmung ist das Ziel der Entscheidung zu bestimmen, im Folgenden Zielsetzung genannt. Dabei ist die Klarheit über das Ziel entscheidend. Ohne eine Vorstellung von Soll-Anforderungen oder festgelegten Maßstäben an eine Entscheidung ist es unmöglich, verschiedene Alternativen konsistent zu bewerten und zu vergleichen. Nur selten machen sich beteiligte Akteure an einer Entscheidung klar, was sie eigentlich genau erwarten (Rosenstiel 1996, S.197). Zu dessen Überprüfung schlagen unterschiedliche Autoren zahlreiche Kriterien vor. Dörner fordert z.B. die Prüfung und Einordnung des Ziels in Anstrebensziel oder Vermeidungsziel, spezifisch oder allgemein, klar oder unklar, einfach oder mehrfach, implizit oder explizit (Dörner 2007, S.79). Nach Recke sollte das Ziel vollständig, redundanzfrei, messbar, operational und eindeutig sein (Recke 2004, S.6). Reither ergänzt an dieser Stelle noch Präzision und Konkretheit (Reither 1997, S.44). Entscheidend ist die Klarheit über die Ziele mit den aufgelisteten Anforderungen und ein Bewusstsein dafür, dass nicht alle Ziele zugleich erreicht werden können, da zwischen verschiedenen Zielen Kontradiktionen existieren. Das führt zwangsläufig zur Kompromissbildung, die es erlauben sollte, Schwerpunkte zu bilden und angemessen zu wechseln (Dörner 2007, S. 324-325).

Im dritten Prozessschritt der Orientierung ist es wichtig, Kriterien zu formulieren, die für die Alternativensuche relevant sind. Die Kriterien werden oft vage formuliert oder widersprechen sich und führen damit zusätzlich zur Orientierungslosigkeit (Schimank 2005, S.205). Eine vollständige Alternativensuche kann auch diese Dissertation nicht ersetzen. Zeitdruck führt oftmals dazu, dass nur das unmittelbare Umfeld des Problems betrachtet wird und indirekte Faktoren keine Berücksichtigung finden. Grundsätzlich gilt: Je vager die Entscheidungskriterien formuliert sind, desto mehr Alternativen kommen in Betracht (Schimank 2005, S.210). Nach Schimank sollten die Kriterien vom Ziel abgeleitet sein. Es ist zusätzlich entscheidend, alle relevanten Kriterien zu identifizieren, diese nach Wichtigkeit zu ordnen, Randbedingungen zu modifizieren und die Kriterien angemessen in Frage zu stellen (Schimank 2005, S.173ff; Reither 1997, S.25-30). Dabei ist der Netzwerkcharakter von Kriterien zu berücksichtigen (Reither 1997, S.25-30) und nach Dörner in kritische Variablen und Indikatorvariablen aufzuteilen. Kritische Variablen, die mit vielen anderen Variablen des Systems in Verbindung stehen, werden von vielen Variablen beeinflusst. Hingegen hängen Indikatorvariablen von vielen anderen Variablen des Systems ab, beeinflussen das System selbst aber nur geringfügig (Dörner 2007, S.112). Dies erleichtert das Finden und die Formulierung von Auswahlkriterien.

Bei der Suche nach Alternativen ist deren Quantität und Qualität von Bedeutung. Es bedeutet einen gewissen Aufwand, systematische Informationen zu beschaffen. In der Regel ist es allein deswegen nicht möglich, alle Informationen zu berücksichtigen. Man muss in der Informationsbeschaffung demnach Prioritäten setzen. Sinnvollerweise sollte daher zuerst die Information beschafft werden, die besonders aussagekräftig für das jeweilige Problem ist. In der Praxis wird aber nicht die relevante Information gesichtet, sondern die Information, die besonders leicht verfügbar und besonders leicht verstehbar ist (Rosenstiel 1996, S.198). Beispielsweise sind Forschungsmagazine mit Hochglanzbildern interessanter als ausführliche Forschungsberichte. Daher sollten Alternativen gut ausformuliert und angemessen detailliert betrachtet werden. Um Wissen über die Bestandteile des Sachverhalts zu erhalten, schlägt Dörner vor, Analogien zu schaffen (Dörner 2007, S.113ff) und hebt in diesem Zusammenhang die Bedeutung des richtigen Auflösungsgrades von Informationen hervor (Dörner 2007, S.115). Gerade bei Entscheidungen unter Unsicherheit ist das Wissen über zeitliche Abläufe und deren Wechselwirkungen ein sehr bedeutender Bestandteil (Schimank 2005, S.173-235; Dörner 2007, S.70). Bei der Analyse von Nebenbedingungen sollte nach Reither in mehreren Dimensionen gedacht werden (Reither 1997, S.60). Dazu ist es notwendig, Schwerpunkte zu setzen, zu abstrahieren, nach Ursachen und Auswirkungen zu klassifizieren und gezielt mit Situationskomponenten zu experimentieren (Reither 1997, S.25-30). Dörner ergänzt diese Orientierungsphase um die Modellbildung und die Informationssammlung (Dörner 2007, S.69). Ein Modell bietet die Möglichkeit, Handlungs- und Ereignissequenzen zu erahnen und zu skizzieren (Dörner 2007, S.107), um auf positive und negative Rückkopplungen aufmerksam zu machen (Dörner 2007, S.110). Zusätzlich lässt sich der Bedingungs-, Aktions- und Ergebnisteil einer möglichen Entscheidung durch eine Modellbildung besser differenzieren (Dörner 2007, S.236). Dabei kann der Einsatz von Kreativitätstechniken unterstützen (Dörner 2007, S.313-314). Es ist zu berücksichtigen, dass eine allzu vorschnelle Reduktion aller Geschehnisse in einem bestimmten Bereich auf nur eine zentrale Ursache Folgen hat und dadurch zentrale Aspekte systematisch vernachlässigt (Dörner 2007, S.324-325). Auf der sozialen Dimension empfiehlt Roger (Roger 2003, S.199), sich mit der neuen Situation vertraut zu machen, in die Diskussion mit anderen über das Neue einzusteigen, Akzeptanz von anderen einzuholen, ein positives Bild der Resonanz zu formulieren und somit Unterstützung für das innovative Verhalten vom System einzuholen.

Ziel der Phase der „Kriterienformulierung und Alternativensuche" ist die Entwicklung eines Modells, aus welchen Neben- und Fernwirkungen von Maßnahmen antizipiert werden können. Das bedeutet, in Systemen zu denken und zu lernen, mit Nebenwirkungen umzugehen.

Dabei kann so ein Prozess in der Gruppe sehr mühsam voranschreiten, da eine Diskussion über die Problembestimmung, Zielsetzung und Entscheidungskriterien zunächst keine konkreten Handlungsanweisungen für eine Entscheidung vorgibt und damit die Unsicherheit subjektiv erhöht. In einer unsicheren Entscheidungssituation sind jedoch die Grundlagen der Orientierungsphase für ein gemeinsames Verständnis essentiell.

2. Bewertungsphase

In der zweiten Phase, der Bewertung, werden auf rationale Weise Einstellungen von den Gruppenmitgliedern gebildet, indem die in der Informationsbeschaffungsphase erhobenen Eigenschaften der Alternativen anhand der Ziele bewertet werden. Dies muss notwendigerweise scheitern, wenn keine Ziele existieren und die Informationen über die Eigenschaften der Alternativen nur lückenhaft beschafft werden. Häufig wird in logisch unzulässiger Weise von Einzelinformationen auf die Gesamtqualität geschlossen (Rosenstiel 1996, S.198). Stattdessen ist ein Abgleich zwischen Entscheidungskriterien und -alternativen vorzunehmen (Schimank 2005, S.173ff). Das erfordert eine Rangordnung der Alternativen, die durch Teilbewertung aufgrund von Zielorientierung, Randbedingungen und Anforderungen zustande kommt. Diejenigen Alternativen, bei denen die Bewertung ergibt, dass bereits die grundsätzliche Eignung nicht gegeben ist, werden aus der weiteren Betrachtung ausgeschlossen. Konsequenzen von Maßnahmen sind nach Recke auf Richtigkeit, Vollständigkeit und Genauigkeit zu prüfen (Recke 2004, S.6). Generell haben Menschen Schwierigkeiten, Risiken realistisch einzuschätzen. Dies dürfte damit zusammenhängen, dass Mut auf der einen Seite und Angst auf der anderen Seite zwei besonders starke Emotionen sind, die das klare Denken „vernebeln". Typischerweise gehen eigene Erfahrungen und anschauliche Beispiele viel stärker in die Risikoabschätzung ein als abstrakte Statistiken. Einzelfälle werden stärker erlebt, obwohl sie statistisch in der Regel völlig irrelevant sind. Beispielsweise sieht jemand im Fernsehen einen Flugzeugabsturz und nimmt von einer geplanten Fernreise Abstand. Stattdessen fährt er mit dem Auto in ein nahe gelegenes Reiseziel. Der einzelne Absturz ändert nichts an der Tatsache, dass eine Flugreise erheblich sicherer ist als eine Autofahrt. „Mit Statistiken lässt sich vielleicht logisch etwas beweisen, ‚psycho-logisch' beweisen sie nicht viel" (Rosenstiel 1996, S.199). Das Ziel dieser Phase ist erreicht, wenn „Vernebelungsfaktoren" sichtbar gemacht wurden, alle relevanten Alternativen bewertet und in ihren vermuteten Abhängigkeiten in einem übersichtlichen Modell dargestellt sind.

3. Auswahlphase

Die eigentliche Entscheidung wird in der dritten Entscheidungsphase getroffen, der Auswahlphase. Worin liegt hier die Herausforderung? Erwünschte oder befürchtete längerfristige Folgen können nicht einmal annähernd abgeschätzt werden. Dadurch wird die Auswahl oft hinausgezögert, um Zeit zu gewinnen und sich nicht festlegen zu müssen. Um die richtige Auswahl zu treffen, müssen die Ziele gewichtet und die verschiedenen Varianten anhand der Zielgewichte, des Beitrags zur

Zielerreichung und des Risikos bewertet werden. Das ist ein derart komplexes Unterfangen, das nicht mehr „im Kopf“ zu bewältigen ist, sondern in der Regel schriftliche Analysen voraussetzt. In dieser Phase ist es wichtig, einige Auswahlregeln zu kennen, um diese situativ einzusetzen. Dabei sollte die Gruppe entscheiden, nach welcher Auswahlregel sie vorgehen möchte und worin sie den größten Nutzen für die Entscheidung sieht. Bekannte Auswahlregeln sind die additive, konjunktive, disjunktive, lexographische und eliminierende Regel.

Bei der additiven Regel gehen alle Faktoren in die Auswahlentscheidung ein, die nach ihrer Bedeutung gewichtet werden. Eine Alternative hat gute Chancen ausgewählt zu werden, wenn sie in den wichtigsten Eigenschaften gut ist. Mängel in einzelnen Eigenschaften können durch Stärken in anderen Eigenschaften kompensiert werden. Bei der konjunktiven Regel besteht ein Anspruchsniveau für jede betrachtete Eigenschaft. Gewählt wird die Alternative, die alle Ansprüche erfüllt. Wenn mehrere Alternativen die Ansprüche erfüllen, werden die Anspruchsniveaus sukzessive erhöht, sodass einzelne Produkte wieder herausfallen. Erfüllt keine Alternative alle Ansprüche, werden die Anspruchniveaus gesenkt. Die existierenden Anspruchsniveaus bei der disjunktiven Regel müssen nicht alle erfüllt werden. Gewählt wird diejenige Alternative, die zumindest einen Anspruch erfüllt. Alternativen, die eine herausragende Eigenschaft aufweisen, haben besonders gute Chancen, gewählt zu werden. Bei der lexikographischen Regel nimmt der Akteur eine Rangordnung der Alternativeneigenschaften vor. Zunächst werden alle Alternativen an der wichtigsten Eigenschaft gemessen. Ist eine Alternative in dieser Eigenschaft eindeutig besser, wird diese ausgewählt. Ist das nicht der Fall, wird die nächst wichtigere Eigenschaft zur Beurteilung herangezogen, und so fort. Schließlich geht es bei der Regel mit Eliminierung darum, inakzeptable Alternativen auszusortieren. Dies kann etwa so geschehen, dass zunächst für das wichtigste Merkmal ein Anspruchsniveau festgelegt wird und alle inakzeptablen Alternativen aus der weiteren Betrachtung ausgeschlossen werden. Die verbleibenden Alternativen werden dann mit dem nächst wichtigen Merkmal verglichen und so fort (Rosenstiel 1996, S.200-201).

Im Rahmen des Auswahlprozesses werden Trägheit und Unentschlossenheit vermutet. Das so genannte „Oblomov-Syndrom“ besagt, dass beständig Pläne geschmiedet, aber keine Aktivitäten unternommen werden (Schimank 2005, S.217). In dieser Phase sollte die Gruppe nun eine Alternative auswählen und diese Entscheidung realisieren. Hierzu ist ein Beschluss der Gruppe erforderlich, der wohlgemerkt nicht auf Konsens beruhen muss. Wichtig ist es, den vorurteilsfreien Blick für die Situation zu wahren und sich nicht an Regeln zu binden, die lediglich lokale Gültigkeit haben. Anschließend sind

folgende Fragen von der Gruppe zu klären: Wer muss von der Entscheidung wissen? Welche Handlung muss durch wen vorgenommen werden? Welche Handlung muss durchgeführt werden, damit die Menschen, die sie umsetzen, auch dazu in der Lage sind? (Drucker 2001, S.13).
Theoretisch läuft so eine Phase reibungslos ab, jedoch weist Schimank an dieser Stelle darauf hin, dass die Akteure auf unerwartete Komplikationen und plötzlich auftretende Hindernisse vorbereitet sein sollten (Schimank 2005, S.173-235). Akteure sollten ergänzende Informationen über die Entscheidung suchen und testen (Roger 2003, S.199). Das Ziel der Auswahlphase ist erreicht, sobald eine Alternative gefunden wurde, die die Entscheidungskriterien am Besten erfüllt. Ist diese zunächst aufgrund der Fülle von Alternativen nicht zu finden, so kann die Negativauswahl angewendet werden. Hierbei werden nur ungeeignete Alternativen ausgeschlossen. Die Akteure setzen die gewählte Alternative unverzüglich um und lassen sich nicht von anderen Entscheidungsalternativen beirren (Schimank 2005, S.216).

4. Gleichgewichtsphase
Der vierte und letzte Entscheidungsschritt ist die Phase des Gleichgewichts, welche im Folgenden Reflexionsphase genannt wird. Berechtigterweise darf an dieser Stelle die Frage gestellt werden, warum diese noch benötigt wird. Hier spielt der Aspekt der Unsicherheit der Entscheidung eine Rolle. Prinzipiell geht es um eine Kontrolle der Handlungsstrategie und des Erfolgs damit (Reither 1997, S.69). Die Konfrontation mit Nebenwirkungen der Entscheidung (positiv wie negativ) und deren zeitliche Verzögerung könnten ein weiteres Entscheidungsproblem hervorrufen, da Ressourcen und Zeit nicht mehr zur Verfügung stehen (Schimank 2005, S.218). Da Konsequenzen erst in ferner Zukunft zu erwarten sind und sichtbar werden, ist es besonders wichtig, den Entscheidungsprozess zu reflektieren und die Gruppe zusammenzuführen, wenn kein Konsens erreicht wurde. Insbesondere zum Ende eines Entscheidungsprozesses hin, ist eine Durchführung der Selbstkontrolle notwendig. Tritt das ein, was erwartet wurde? Waren die richtigen Voraussetzungen (Zielerreichung, Randbedingungen, Nebenwirkungen) der Handlung gegeben? Ist eine erneute Informationssammlung notwendig? Müssen neue Handlungswege ausgearbeitet werden? Sollte das Situationsmodell geändert werden (Dörner 2007, S.72)? Was waren die kognitiven Erwartungen an das Ergebnis der Entscheidung? Wurden die kalkulierten Randbedingungen (z.B. Kosten) eingehalten?
Das Ziel dieses Entscheidungsschrittes besteht darin, Erkenntnisse über Vorteile durch die Entscheidung zu erhalten, die Integration der Entscheidung

in die laufenden Prozesse zu veranlassen, Werbung für die Entscheidung bei anderen zu machen (Roger 2003, S.199) und eine ehrliche und realistische Reflexion der Entscheidung herbeizuführen. Eine effektive Gruppenentscheidung wird nach Johnson nach fünf Kriterien definiert (Johnson 2009, S. 266-267):

1. Die Fähigkeiten der Gruppenmitglieder wurden vollständig ausgeschöpft.
2. Die Zeit wurde sinnvoll genutzt.
3. Die Entscheidung ist korrekt oder von hoher Qualität.
4. Die Entscheidung wurde von allen erforderlichen Gruppenmitgliedern umgesetzt.
5. Die Problemlösungsfähigkeit wurde verbessert oder zumindest nicht verschlechtert.

„Ein weiteres Nachdenken über die Entscheidung ist deshalb nur insofern sinnvoll, als Informationen gewonnen werden können, die zukünftige Entscheidungen verbessern können. Statt einer emotionslosen Kontrolle wird jedoch allzu oft den Alternativen nachgetrauert, die notwendigerweise ausgeschlagen werden mussten“ (Rosenstiel 1996, S.203). Ein „Schön Reden“ von Entscheidungen ist an dieser Stelle nicht zweckmäßig. Eine wichtige Theorie, die diese Nachentscheidungsprobleme erklären kann, ist die „Theorie der kognitiven Dissonanz“ nach Festinger. Danach strebt der Mensch nach Harmonie und ist bemüht, seine Gedanken in eine Art Gleichklang („Konsonanz“) zu bringen. Die innere Harmonie wird nach Entscheidungen besonders gestört sein, wenn:

- durch die Entscheidung andere attraktive Alternativen ausgeschlagen werden mussten,
- gezwungenermaßen eine Entscheidung gewählt werden musste, die nicht dem ursprünglichen Ziel entsprach (etwa aufgrund von verfügbaren Ressourcen),
- der Entscheidungsträger nach der Entscheidung Informationen erhält, die der getroffenen Wahl widersprechen oder
- Bezugspersonen des Entscheiders eine andere Meinung vertreten (Rosenstiel 1996, S.203-204).

Wichtig ist, auf welche Weise der Akteur versucht, nach der Entscheidung die kognitive Dissonanz abzubauen (Johnson 2009, S.298). Oft geschieht dies durch Rechtfertigung der Entscheidung, des Rückgängigmachens einer Entscheidung bzw. nach erneuter Entscheidungssituation, eine andere Verhaltensalternative zu wählen.

Abbildung 3 verdeutlicht den erläuterten Entscheidungsprozess, der einen Idealzustand beschreibt und gleichzeitig die Komplexität und damit die Herausforderung an die Entscheidungsakteure aufzeigt.

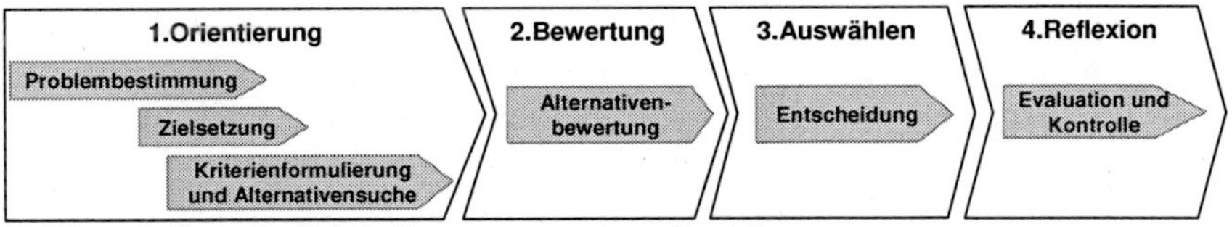

Abbildung 3: Sinnvoller Entscheidungsprozess – eigene Darstellung

Positiv verstärkende Faktoren für Gruppenentscheidungen sind: harmonische Wechselbeziehungen zwischen den Gruppenmitgliedern, individuelle Verantwortung, soziale Kompetenzen der Gruppenmitglieder und eine positive Gruppenentwicklung (Johnson 2009, S. 289).
Negativ verstärkende Faktoren bei Gruppenentscheidungen sind: fehlende Reife der Beteiligten in einer Gruppe zu arbeiten, unkritisches und unreflektiertes Kommunizieren, „Social loafing" (sich hinter der Gruppe verstecken und faulenzen), Konsumhaltung (viel erwarten, aber nichts geben wollen) (Johnson 2009, S.292), fehlende Motivation aufgrund zu erwartender Ungleichbehandlung (Johnson 2009, S.293), Gruppendenken (Johnson 2009, S.293), konfliktreiche Ziele (Johnson 2009, S.296), egozentrische Gruppenmitglieder, fehlende ausreichende Heterogenität in der Gruppe und Beeinträchtigungen von Unterbrechungen, da immer nur einer reden kann (Johnson 2009, S. 297).
Abschließend bleibt zu sagen, dass dieser beschriebene Entscheidungsprozess keine Patentlösung, sondern eine denkbare Lösung darstellt, die Führungskräften und Gruppenmitgliedern ermöglicht, eine Orientierung während des Entscheidungsprozesses zu bieten. Letzterer zeigt auch auf, welches Konfliktpotential - bedingt durch die sachliche, soziale und zeitliche Dimension - in Gruppen während der einzelnen Phasen vorherrscht, weshalb hier der Einsatz von Moderatoren sinnvoll und daher empfehlenswert ist.

2.3.3 Individuelle Entscheidungsstrategien

Nachdem der Entscheidungsprozess beschrieben wurde, haben sich bereits erste Einflussfaktoren auf Entscheidungen unter Unsicherheit herauskristallisiert. Da es rationales Entscheidungsverhalten in Reinform nicht gibt, nutzen Akteure Strategien, um Unsicherheiten zu reduzieren, auf welche nun eingegangen wird.

2.3.3.1 Umgang mit Unsicherheit

Nach Blossfeld können Unsicherheiten über lokale Routinen, Faustregeln sowie regionale Traditionen und Normen reduziert werden, da die genannten Faktoren an Stellen Orientierung bieten, wo Zahlen und Fakten es nicht mehr können (Blossfeld 2006, S.64). Auch Küppers stützt Blossfelds Argument der Regelbildung und bemerkt, dass die Unsicherheit des Ungeregelten nie verschwinden wird, sondern „durch Regeln nur in einem konkreten Fall und nur für eine gewisse Zeitspanne auf eine sozial akzeptierte Weise reduziert [werden] und so in einen Zustand relativer Sicherheit übersetzt werden [kann]. Damit ist das Problem, soziale Kooperationen zu regeln, auf Dauer gestellt" (Küppers 1999, S.355). Der Umgang mit der Unsicherheit des Unregulierten führt zur Regelbildung und die Regeln reduzieren die Unsicherheit. Was fällt in den Verantwortungsbereich des Einzelnen und was muss durch kollektive Normen festgelegt werden? Die Frage die hierbei berechtigterweise aufgeworfen werden muss, lautet „Was sind das für Regeln?". „Die soziale Akzeptanz der Unsicherheit stabilisiert den praktischen Umgang mit ihr. Erst eine Veränderung in der Wahrnehmung (Framing) von Unsicherheit und der daraus resultierende Bedarf an Regulierung führt zu sozialem Wandel" (Küppers 1999, S.370). Welche Normen, Regeln und Wahrnehmungen nötig sind, wird von den Autoren allerdings nicht beantwortet. „Wahrnehmung" scheint allerdings einen wichtigen Einfluss auf den Umgang mit Unsicherheit zu haben. Daher widmet sich das nächste Kapitel dem in der Soziologie bekannten Framing.

2.3.3.2 Framing

Menschen sind ständig in soziale Interaktionen involviert. Sie orientieren sich an anderen Personen und reagieren auf sie. Interaktion ist immer zielgerichtet, sinnhaft und auf bestimmte Personen oder Gruppen bezogen, geordnet und nicht chaotisch, sei sie nun komplementär oder kooperativ, von Wettbewerb geprägt oder erzwungen. Soziologen haben fünf unterschiedliche theoretische Perspektiven auf die Ordnung von Interaktion entwickelt wovon eine, die „Definition der Situation", an dieser Stelle näher betrachtet wird (Joas 2007, S.133), weil über Filterprozesse, wie z.B. der Definition von Zielen, die Komplexität der Situation reduziert und die Entscheidungsfindung beschleunigt wird (Enste 1998, S.453).

In vielen Fällen ist die Bedeutung einer Situation allen Beteiligten von vornherein klar. Oft ist die Situation aber auch mehrdeutig, weil jeder Akteur seine eigene Sicht auf die Wirklichkeit hat, wie z.B. in der Problemdefinition oder Zielsetzung im Entscheidungsprozess. Durch fortgesetzte Interaktion können die Interaktionspartner zu einer gemeinsamen Situationsdefinition und auch zu einer gemeinsam ausgehandelten sozialen Ordnung gelangen (Joas 2007, S.133).

Die Entscheidung wird maßgeblich dadurch beeinflusst, ob etwas positiv oder negativ ausgedrückt wird (Haslam 2007, S.29). In der Soziologie wird in diesem Zusammenhang oft der Begriff „Framing“ genutzt. Framing ist ein „symbolischer Effekt bei der Entscheidung zwischen objektiv ganz gleichen Alternativen“ (Esser 1999, S.306). Eine logisch äquivalente (numerische oder sprachliche) Information wird hierbei in verschiedenen Formen ausgedrückt, z.B. die 10%-ige Wahrscheinlichkeit zu sterben oder die 90%-ige Wahrscheinlichkeit zu überleben. Die Logik unterscheidet nicht zwischen diesen zwei Aussagen, aber die menschliche Intuition bewertet sie unterschiedlich (Gigerenzer 2007, S.109). Die unterschiedliche Betrachtung wird offenbar durch die sprachliche Art der Präsentation ausgedrückt. Kahnemann und Tversky stellen fest, dass Referenzpunkte eine bedeutende Rolle, insbesondere bei der Bewertung von Gewinnen und Verlusten, spielen. In ihren Experimenten verhielten sich Versuchspersonen bei Gewinnen risikoavers und bei Verlusten hingegen risikoliebend. Beispielsweise stimmen viele Menschen medizinischen Maßnahmen zu, wenn sie so dargestellt werden, dass die mit der Wahrscheinlichkeit „p“ erfolgreich sind, dieselben Maßnahmen aber ablehnen, wenn man ihnen erklärt, dass sie mit einer Wahrscheinlichkeit von „1-p“ nicht erfolgreich sind (Sorger 2000, S.113). Dieses Phänomen ist auch bekannt unter dem Namen „Ellsberg-Paradox“: es zeigt auf, dass Personen eine Aversion gegen Unsicherheit haben (Sorger 2000, S.114). Welche Bedeutung hat diese Erkenntnis für die vorliegende Dissertation? Es zeigt klar auf, dass Akteure sehr stark von dem Gebrauch von Wörtern, infolgedessen der Sprache beeinflusst werden.

Die Sprache aktiviert somit einen Rahmen (frame), der eine gänzlich unterschiedliche Betrachtung und damit auch unterschiedliches Entscheidungsverhalten hervorruft. Die subjektive Definition der Situation erfolgt durch die Selektion eines kulturellen Bezugsrahmens (Esser 2001, S.259). Der Ort, an dem die Akteure ihren Bezugsrahmen auswählen, ist die Gruppe. Dabei stellt sich jedes Gruppenmitglied die Fragen: Um welche Situation handelt es sich (Rahmung)? und: Mit welchen Mitteln erreiche ich mein Ziel (Rezeptwahl)? „Gibt es Störungen, so sucht der Akteur nach einer anderen Rahmung. Ein Akteur, der das Framing gedanklich vollzieht, wählt für eine spezifische Situation einen kulturellen Bezugsrahmen aus. In der Rahmenwahl ist er nicht frei, sondern vom Kontext seiner Bezugsgruppen und seiner Gesellschaft abhängig. Sein Handeln erfolgt dann innerhalb eines Skripts, d.h. eines gerahmten Handlungsprogramms. In einer vom Rational-Choice-Ansatz geprägten Modifikation zu Schütz hängen Rahmung und Rezeptwahl nicht von der Reflexion oder Interpretation des Akteurs, sondern von seinen Interessen ab (Treibel 2006, S.147). „Das Framing bedeutet damit die Selektion einer auf die spezielle Situation bezogene Präferenz“ (Esser 2001, S.263).

Welche Orientierung der Akteur wählt und welche Einstellung er bezüglich einer vorhandenen objektiven Entscheidungssituation hat, hängt von den folgenden Konstrukten ab: objektive Sinnesreizungen, Gedächtnisstrukturen, Symbole und Cues (leicht zu verarbeitende Informationen, die in befriedigendem Maß mit der Urteilsdimension in Zusammenhang stehen), Neuheit und Wichtigkeit der Situation, Anreize, Kosten und den Möglichkeiten zur Reflexion der Folgen von Handlungen.
Die Beschreibung der grundlegenden Vorgänge des Framing soll zu einem tieferen Verständnis beitragen. Der Akteur beginnt mit der Beobachtung der in der Situation objektiv vorhandenen Objekte bzw. deren Eigenschaften. Dazu werden die Objekte zunächst physisch wahrgenommen. Im Kognitionsprozess aktiviert und „konstruiert" das Gehirn danach ein im Gedächtnis des Akteurs gespeichertes mentales Muster, ein bestimmtes inhaltliches Modell der Situation. Dieses beruht auf dem kulturellen System des Akteurs, welches die Grundlage der Orientierung bildet. Wenn es ein im Reaktionsrepertoire gespeichertes inhaltliches Modell auch des Handelns für den betreffenden Frame der Situation gibt, dann ist dieses gedankliche Modell das Skript des Handelns (Esser 2001, S.261). Die Selektion der Modelle für Situation und Handeln, von Frame und Skript also, kann dabei in einem jeweils unterschiedlichen Modus geschehen: mit (vergangenheitsbestimmt) oder ohne (konsequenzorientiert) systematische Beobachtung von Folgen des Handelns (Esser 2001, S.261). Zwei Modi sind hierbei hervorzuheben:

- *Spontan*-automatische (as-Modus) Aktivierung eines gedanklichen Modells ohne besondere Berücksichtigung von Konsequenzen
- *Reflexiv*-kalkulierende (rc-Modus) Bildung einer Intention mit dem Versuch, dabei möglichst systematisch die Konsequenzen des Handelns zu bedenken (Esser 2001, S.266).

Zu welchem Modell und zu welchem Modus der Orientierung es kommt, ist in erster Linie von der Passung der in der Situation beobachteten Objekte und den im Gedächtnis für das Modell gespeicherten Erwartungen abhängig, von der Übereinstimmung zwischen vorhandenen und erwarteten Symbolen also. Bei einer Übereinstimmung gibt es keine weiteren gedanklichen Aktivitäten. Ansonsten kommt es zu einer unspezifischen und willkürlichen Informationssuche, die nach bestimmten Selektionsregeln zu einer Änderung in der Wahl des Modus´ oder des Modells führt. Die Übereinstimmung und die damit verbundene innere Suche nach Informationen und die eventuelle Einleitung einer Änderung von Modell und Modus sind dabei ein Vorgang, den der Akteur nicht unter Kontrolle hat. Modell- und Modus-Selektion von Frame und Skript führen über die Prozesse der Beobachtung, der Kognition und der Orientierung zusammen zu einer jeweils typischen Art der Einstellung auf die Situation: die Einstellung nach dem Konsistenzmodell der

Einstellungstheorie mit der unmittelbaren Auslösung von Kognition, Affekt und Handeln oder die Bildung einer Intention gemäß der Theorie des überlegten bzw. des geplanten Handelns (verschiedene Kombinationen sind dabei ebenfalls möglich). Soziale Normen und vor allem die sozialen Rollen sind die wichtigsten institutionellen Grundlagen von Frame und Skript (Esser 2001, S.262). Das Oberziel definiert den funktionalen, kulturellen oder normativen Code des Frames. Der Code legt damit die Grundlage der Bewertung von möglichen Handlungsergebnissen und somit eine bestimmte Präferenzordnung fest. Der Code eines Frames hängt insbesondere von der „Verfassung" eines Kollektivs, von den Festlegungen der sozialen Produktionsfunktionen (soziale Wertschätzung und psychisches Wohlbefinden), ab (Esser 2001, S.263). Zur Wahl stehen in einer konkreten Situation subjektiv immer nur zwei gedankliche Modelle aus einer unendlichen Vielfalt der wirklich vorhandenen: dasjenige, das sich angesichts der erkennbaren Umstände am ehesten „anbietet", und das dazu nächst plausible, jedoch im Inhalt und insbesondere im Ziel dazu unterschiedliche Modell. Im einfachsten Fall also lediglich die Negation des gerade wahrscheinlichsten Frames: Wahrheit oder Unwahrheit, Haben oder Nichthaben, Liebe oder keine Liebe. Die Soziologie spricht hier von einer binären Codierung (Esser 2001, S.265). Der Modus der Informationsverarbeitung verläuft über die Entscheidungsstrategie bei der Selektion der gedanklichen Modelle für die Frames und die Skripte. Die verschiedenen Arten der Informationsverarbeitung werden auch als Heuristiken bezeichnet.

Das Frame-Modell, der Frame-Modus, das Skript-Modell und der Skript-Modus sind die vier Konstrukte, die der Akteur während des Framing-Prozesses prüft, bewertet und selektiert, bevor es zum konkreten sichtbaren Handeln kommt. Eine solche Prüfung findet auch dann statt, wenn sie dem Akteur keinerlei Mühe bereitet oder sie auch ganz automatisch und unbewusst verläuft (Esser 2001, S.267). Die Selektion von Modell und Modus verläuft wie folgt:

Die Modell-Selektion folgt den Regeln der Wahrscheinlichkeits-Erwartungs-Theorie. Der Akteur prüft einerseits die Erwartungen über die Geltung des einen oder des anderen Modells, und bewertet andererseits die jeweiligen Handlungsfolgen der zur Auswahl stehenden Modelle (Esser 2001, S.268). Hat der Akteur sich für ein Modell entschieden, kommt es zur Modus-Selektion, die an Bedingungen gebunden ist: folglich der Motivation, zu einem tatsächlich und nicht nur fiktiv „situationsgerechten" Frame bzw. Skript zu kommen, einen dazu erforderlichen geringen Aufwand und zahlreich zur Verfügung stehender Opportunitäten. Sind diese Bedingungen erfüllt, kommt es zu einem reflektiv-kalkulierenden (rc) Modus. Ansonsten wird eine ganz unsystematische Heuristik, die vordergründige spontane „Interpretation" der Situation, im Extremfall die hilflose Zufallsselektion, ausgewählt. (Esser 2001, S.272). In Abbildung 4 ist der Prozess des Framing übersichtlich dargestellt.

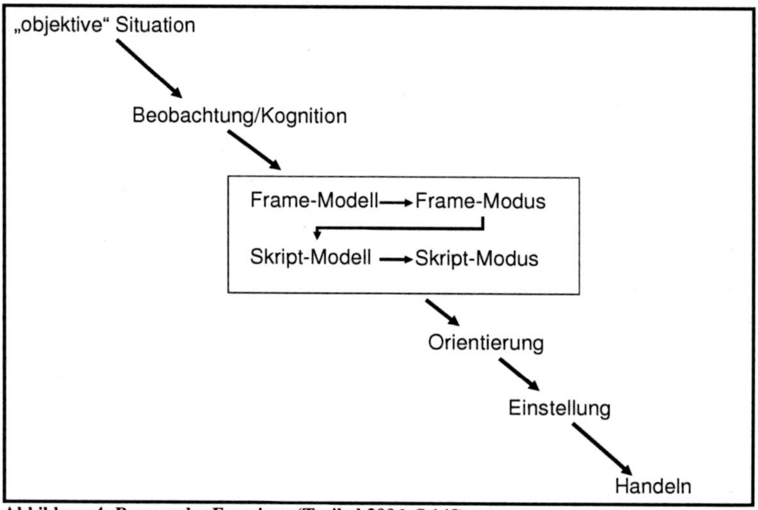

Abbildung 4: Prozess des Framings (Treibel 2006, S.148)

Nachfolgend wird beantwortet, wann es zum Wechsel des Bezugrahmens, zum sogenannten „Reframing" kommen kann (Esser 2001, S.273). Je attraktiver das neue Modell und je schwächer die Geltung des alten Modells im Vergleich sind, desto eher kommt es zu einem Reframing (Esser 2001, S.275). Die Reframing-Schwelle steigt stärker an, je fragloser die Geltung des alten Modells wird. Reflexion ist der Übergang vom as-Modus zum rc-Modus (Esser 2001, S.274-276). Voraussetzung dafür ist eine elaborierte Informationsverarbeitung, ein möglichst hohes Reflexions-Motiv, ein niedriger Reflexions-Aufwand und mögliche Reflexions-Opportunitäten.

Es ergeben sich folgende Variablen zur Untersuchung des Framings im Entscheidungsprozess unter Unsicherheit: Bedürfnisse (physisches Wohlbefinden, soziale Wertschätzung, Motivation der Akteure), persönlicher Nutzen von der Entscheidung, Anzahl an möglichen Handlungsoptionen, soziale Normen und Rollen, spontanes oder reflexives Entscheidungsverhalten (ohne/mit Berücksichtigung von Handlungskonsequenzen) und die Analyse der Sprache.

Es ergeben sich nun daraus folgende spannende Fragen: Wie sehen die unterschiedlichen Akteure ihre Situation, welchen „Frame" haben sie bezüglich der Unsicherheit in ihrem Arbeitsumfeld? Welche Modelle und Skripte verwenden Sie und wie hängen diese mit den Rahmenbedingungen einer Organisation und ihren persönlichen Kompetenzen zusammen. Eine mögliche Einordnung nach einer empirischen Untersuchung könnte der von Büscher vorgeschlagene Entscheidungsstil sein: individualistisch-kompetetiver (Chancen-orientierter Entscheidungsstil) oder fatalistisch-risikodifferenter (Gefahren-orientierter Entscheidungsstil) (Büscher 2004, S.19).
Im Folgenden werden weitere Strategien zur Bewältigung von Unsicherheit aufgezeigt.

2.3.3.3 Intuition

Intuition ist eine mögliche Strategie für den Umgang bei Entscheidungen unter Unsicherheit. Nach Elster haben Emotionen Einfluss auf die Wünsche, Handlungen, Präferenzen und Informationen einer Situation (Elster 2006, S.65), folglich auch auf Entscheidungen. Oft treffen wir unbewusst Entscheidungen, die im Widerspruch zu unserem bewussten Denken stehen.
Bauchgefühl, Intuition oder Ahnung bezeichnen ein Urteil, welches rasch im Bewusstsein auftaucht, dessen tieferen Gründe uns nicht ganz bewusst sind und das stark genug ist, um danach zu handeln (Gigerenzer 2007, S.25). Intuition ist der Abruf von Informationen, die wir irgendwann über unsere fünf Sinne wahrgenommen und gespeichert haben (Fisher 2007, S.48). Der Akteur vertraut bei seinen Entscheidungen seinem Bauchgefühl. Es ist die Balance zwischen Kopf und Bauch (Lentz 2002), denn 80% des Verarbeitungsprozesses im Gehirn nehmen wir nicht wahr, dennoch beeinflussen sie als Intuition unser Handeln. Das bedeutet aber auch, Fehler zuzulassen und aus ihnen zu lernen. Gute Intuition ignoriert Informationen (Gigerenzer 2007 in SZ Wissen), aber es funktioniert nur, wenn man bereits Erfahrungen gesammelt hat.
Wissenschaftler haben festgestellt, dass diejenigen bessere Entscheidungen treffen, die ihrer Intuition vertrauen. Jedoch wird insbesondere in Unternehmen Intuition heute oft als „Zauberei" betrachtet und keine Wertschätzung entgegengebracht. Gerade weil rational geprägte Entscheidungen aufgrund unüberschaubarer Informationen, rasanter Markt- und Technologieentwicklungen kaum noch möglich sind, scheint Intuition eine Erfolg versprechende, ergänzende Strategie zu sein (vdi nachrichten, 12.01.2007, S.20).

Intuition kann durch stärkere Selbstwahrnehmung unterstützt werden. Es ist wichtig, ein störendes Bauchgefühl bewusst wahrzunehmen, wie z.B. eine körperliche Anspannung oder einen "Kloß im Hals". Entscheidend dabei ist, das Gefühl mit einer äußeren Wahrnehmung zu verknüpfen (in Bezug auf Personen, Aussagen oder fehlende Informationen). Die größte Herausforderung ist es, das Gefühl nach außen zu kommunizieren (vdi nachrichten 12.01.2007).
Welches rationale Prinzip liegt einem Bauchgefühl zu Grunde? Die Antworten darauf sind einfache Faustregeln (auf die Blossfeld bereits Bezug nahm), die sich evolvierte Fähigkeiten des Gehirns zu Nutze machen (Gigerenzer 2007, S.26). Einfache Faustregeln sind sogenannte Heuristiken, die die wichtigsten Informationen herausgreifen und den Rest außer Acht lassen, folglich Informationen bewusst ignorieren. Gerade in komplexen und dynamischen Situationen, die Unsicherheit beim Akteur erzeugen, scheint Intuition eine sinnvolle Strategie zu sein. Gigerenzer versteht darunter „Weniger-ist-mehr-Effekte". Wie die Rekognitionsheuristik zeigt, kann das Bauchgefühl eine beträchtliche Menge an Wissen und Informationen übertreffen. Bauchgefühle erfahrener Experten beruhen auf unbewussten Fertigkeiten, deren Ausführung durch zu viel Nachdenken beeinträchtigt werden kann. Das menschliche Gehirn scheint über angeborene Mechanismen wie Vergessen und die Tendenz, klein anzufangen, zu verfügen, die den Menschen vor der Gefahr schützt, zu viele Informationen zu verarbeiten. Ohne kognitive Einschränkungen würden sie sich weit weniger intelligent verhalten. In einer ungewissen Welt können einfache Faustregeln komplexe Phänomene ebenso gut oder besser vorhersagen als komplexe Regeln. Eine zu intensive Informationsbeschaffung kann mehr schaden als nutzen (Gigerenzer 2007, S.47-48).
Wie funktioniert das Bauchgefühl? Bauchgefühle spiegeln das Erlebte wider. Der Mensch handelt nach ihnen ohne rationale Begründung. Für die Entstehung von Bauchgefühlen sind Faustregeln verantwortlich. So erklärt die Gedankenleseheuristik dem Akteur, was andere sich wünschen, die Rekognitionsheuristik löst ein Gefühl aus, das dem Akteur verrät, welchem Produkt er trauen kann und die Blickheuristik erzeugt eine Intuition, die die Richtung vorgibt. Evolvierte Fähigkeiten sind das Baumaterial für Faustregeln (Gigerenzer 2007, S.56-58). So macht sich die Blickheuristik menschliche Fähigkeit zu Nutze, bewegte Objekte vor einem unruhigen Hintergrund mit den Augen verfolgen zu können. Im Gegensatz zu Robotern fällt dies den Menschen leicht; mit drei Monaten sind Säuglinge bereits in der Lage, bewegte Ziele im Auge zu behalten. Umweltstrukturen bestimmen, wie gut oder schlecht eine Faustregel funktioniert. Beispielsweise wird die Rekognitionsheuristik in Situationen angewendet, in denen die

Namenswiedererkennung der Qualität von Produkten oder der Größe von Städten entspricht. Ein Bauchgefühl ist nicht gut oder schlecht, rational oder irrational an sich. Sein Wert hängt von dem Kontext ab, in dem die Faustregel verwendet wird. Beispiel für eine mögliche Faustregel ist die Tit-for-Tat-Strategie. Es handelt sich hierbei um eine Kooperationsstrategie nach Robert Axelrod, die besagt, dass ein Akteur zunächst kooperieren sollte, bei einer Nichtkooperation seines Gegenspielers auch nicht kooperiert, bei der nächsten Interaktion allerdings wieder kooperiert und damit kein nachtragendes Verhalten äußert.

Das Bindemittel der Gesellschaft ist das Vertrauen (Gigerenzer 2007, S.226). Gerade in einer ungewissen technischen Welt, in der Kooperation immer wichtiger wird, ist Vertrauen die Grundlage. Vertrauen kann am Besten durch Transparenz geschaffen werden (Gigerenzer 2007, S.228).

Intuitives Denken ist durch unstrukturierte Schlussfolgerungen, gesunden Menschenverstand, eine vorbewusste Informationssammlung und Informationsverarbeitung, Verständnis durch Einfühlen und Empathie, plötzliche, synthetische und parallele Informationsverarbeitung in einem globalen Wissensfeld, gestalterkennende Problembearbeitung, Verwendung bildlicher Metaphern, wenig kognitive Kontrolle, angstfreie emotionale Beteiligung, sowie gefühlsmäßige Sicherheit bezüglich des Denkerergebnisses geprägt (Nothbaum 1997, S.46).

Intuition setzt allerdings persönliche Erfahrung voraus. Folglich spielen das Alter und die Betriebszugehörigkeit bei der Analyse von verwendeten Entscheidungsstrategien eine wichtige Rolle.

Experimente belegen einen paradoxen Effekt: Je komplizierter eine Entscheidung ist, desto weniger nutzt langes Nachdenken. Unbewusst werden mehr Informationen verarbeitet als beim bewussten Nachdenken. Empfohlen wird daher ein dreistufiges Vorgehen: zunächst die Sachlage rational zu überdenken, den Entschluss dann aber aufzuschieben und am Ende dem Gefühl zufolgen“ (Haslam 2007, S.28).

Gerade bei Gruppenentscheidungen wirkt sich ein längerer Abwägungszeitraum allerdings sehr positiv auf das Ergebnis aus. Akteure sollten beim Sammeln und Abwägen entscheidungsrelevanter Informationen einen kühlen Kopf bewahren, aber dann auch ihrer Intuition folgen (Haslam 2007, S.30). Dabei blendet der Akteur Informationen konsequent aus und fokussiert sich auf begrenzte Gebiete. Intuition erlaubt dem Akteur, sich möglichst frühzeitig und sensibel auf einen sich allmählich einstellenden Kontrollverlust einzustellen und durch ergänzende Massnahmen und Kursänderungen reagieren zu können (Reither 1997, S.119).

Daraus folgt, dass Intuition eine bedeutende Entscheidungsstrategie unter Unsicherheit ist, aber nur in sozialen Strukturen gezeigt wird, in denen

Akteure sie akzeptieren. Konsequenterweise sind die Akzeptanz und das Vorleben intuitiven Verhaltens zentrale Einflussfaktoren auf das Gruppenverhalten.

2.3.3.4 Versuch und Irrtum

Entscheidungen unter Unsicherheit sind dadurch gekennzeichnet, dass unklar ist, wie sich die Sachlage genau darstellt und welche Handlungen sinnvoll erscheinen. In solchen Situationen ist das sogenannte Versuch-Irrtum-Verhalten manchmal die einzige Möglichkeit, überhaupt etwas zu tun. Versuch-Irrtum-Verhalten gibt es in verschiedenen Versionen, u. a. das einfältige und das intelligente. Das intelligente Versuch-Irrtum-Verhalten ist dadurch gekennzeichnet, dass die Versuchs-Aktionen von vornherein nur aus der Menge der aussichtsreichen Aktionen ausgewählt werden, dass gescheiterte Aktionen nicht wiederholt werden und dass die Prüfung auf Irrtum nach Kriterien erfolgt, die die Auswahl der Versuchs-Aktionen möglichst verbessert. Das einfältige Versuch-Irrtum-Verhalten ist dadurch gekennzeichnet, dass per Zufall ein Versuch ohne Reflexion unternommen wird. Entweder gelingt jener oder die Demotivation zwingt zur Aufgabe (Schaub 2005, S.79-80). Dieses spontane Ausprobieren von Alternativen erhöht die Flexibilität und Anpassungsfähigkeit von Entscheidungen (Etzioni 2001, S.47). „Man probiert etwas aus, stößt auf Widerstand, probiert etwas anderes, ohne selbst das Erreichte für allzu sicher zu halten - nach dem Prinzip „den Fluss zu überqueren, indem man nach Steinen tastet“ (FAZ 30.01.2007). Improvisation wird in diesem Zusammenhang äquivalent betrachtet. Bei dieser Entscheidungsstrategie ist allerdings zu berücksichtigen, dass Ressourcen in ausreichendem Maße vorhanden sein müssen (z.B. Zeit, Geld) und der Schaden bei einem möglichen Irrtum sich in Grenzen halten muss.

2.3.3.5 Weitere individuelle Strategien

Dieses Kapitel stellt überblicksweise weitere individuelle Strategien vor, die von Akteuren angewendet werden, um einen Umgang mit Unsicherheit zu verbessern. Dabei wird auf die Strategien des „Abwartens“, „Mixed Scannings“, „Maximizing“, „Satisficing“, „Something Better“, „Vernetzten Denkens“, der „Vereinfachung“ und der „Delegation“ eingegangen.

Abwarten

Bei dieser Strategie ist der Akteur in permanenter Bereitschaft, plötzlich auftauchende Chancen zu erkennen und rasch in Entscheidungen mit einzubeziehen. In diesem Fall akzeptieren Akteure die Unsicherheit, verzichten auf totale Kontrolle, praktizieren „aktives Warten" durch permanente Beobachtung und Einschätzung der Situation, um dann im günstigen Moment eine Entscheidung zu treffen (FAZ 30.01.2007; Schimank 2005, S.411). Es kann sehr wohl begrenzt rational sein, Entscheidungen zu einem bestimmten Zeitpunkt zu unterlassen, um in einem günstigeren Zeitpunkt zu entscheiden (Schimank 2005, S.405). Wenn z.B. der Zeitpunkt ungünstig ist, sich mit Akteuren abzustimmen, weil man gerade eine kritische Auseinandersetzung führt oder sich die momentane Situation nicht wesentlich verschlechtern kann, ist „Abwarten" eine sinnvolle Strategie (Schimank 2005, S.406). Diese Strategie wird, wie alle anderen auch, dann gewählt werden, wenn die Akteure damit bereits positive Erfahrungen gesammelt haben.

Mixed Scanning

Mit der Strategie des „Mixed Scannings" ist gemeint, dass der Akteur bei seinen Entscheidungen zweistufig vorgeht. Erst stellt er vor seiner Entscheidung grundlegende Weichen und betrachtet dann jede Alternative detailliert. Dadurch ist es dem Akteur möglich, einen schnellen Überblick über die Alternativen zu erhalten, um dann auf dieser Grundlage die Entscheidung für eine Alternative zu wählen (Schimank 2005, S.358). Diese Strategie beugt einem bewährten „das haben wir schon immer so gemacht" vor, indem es den Horizont für Alternativen öffnet. Beispielsweise ignorieren Unternehmen lange Zeit die für ihr Produktportfolio relevanten technischen Basisinnovationen und fördern stattdessen reine Verbesserungsinnovationen. Dies ist dann kritisch, wenn sich wesentliche Randbedingungen der Entscheidungssituation ändern.

„Mixed Scanning beruht somit darauf, dass auf der ersten Stufe des Entscheidens möglichst unterschiedliche Alternativen in Betracht gezogen werden. Gerade auch das Abwegige, sogar Abstruse soll ernsthaft erwogen werden" (Schimank 2005, S.361). Zentrale Mechanismen sind hierbei die Beratung und intuitive Kreativität. Letztere dient vor allen Dingen dazu, zusätzlich anschlussfähige Utopien zu bilden und sich so zu verhalten, als ob etablierte Strukturen, Prinzipien und Verfahrensweisen keine Gültigkeit haben (Schimank 2005, S.362). Diese Strategie der Entscheidungsfindung dient dazu, in Möglichkeiten zu denken und sich von bekannten Strukturen und Verfahren zu lösen. Allerdings muss eine gewählte Utopie auf ihre Anschlussfähigkeit hinsichtlich des Status quo geprüft werden (Schimank 2005, S.364).

Maximizer-, Satisficer- und Something Better-Strategien

Der „Maximizer" führt umfangreiche Recherchen durch, um die bestmögliche Wahl zu treffen. Akteure, die sich als Maximizer bezeichnen, sind durch häufige Depressionen, Perfektionismus, Reue und Selbstvorwürfe gekennzeichnet, weil sie ihre Entscheidungen immer wieder hinauszögern, um noch eine bessere Alternative zu finden (Gigerenzer 2007, S.14).

Im Gegensatz dazu verhält sich der Typ „Satisficer". Der Akteur begrenzt seine Suche und sucht nur so lange, bis er eine Alternative gefunden hat, mit der er zufrieden ist (March 1990, S.304-305; March/Simon 1958, S.140-141, 179-180). Dabei ist die Zufriedenheit mit einer Alternative dann erreicht, wenn sie dem Akteur als sachgerecht und sozial durchsetzbar erscheint (Schimank 2005, S.274). Gerade bei begrenzt zur Verfügung stehender Zeit ist die „Satisficing"-Strategie als rational zu betrachten. Das Anspruchsniveau kann dabei hoch sein, aber im Unterschied zum „Maximizer" versucht der „Satisficer" nicht, das Maximale zu erreichen (Schimank 2005, S.278). Jene Akteure verfügen über einen größeren Optimismus, höhere Selbstachtung und Lebenszufriedenheit (Gigerenzer 2007, S.14).

Beim so genannten „Something Better"-Ansatz suchen die Akteure so lange, wie möglich, nach der besten Alternative. Hierbei bildet die Zeit den alleinigen Begrenzungsfaktor. Diese Strategie stellt eine Überwindung der „Satisficing"-Strategie dar. Die „Something Better"-Strategie beruht - wie auch „Mixed Scanning" - auf einer Zweitstufigkeit des Entscheidens. Aus kognitiver Sicht vergleicht die „Something Better"-Strategie bereits vorhandene Alternativen der Problembearbeitung auf Rationalität; etwas ist besser als etwas anderes (Schimank 2005, S.366). Dabei stellt die „Satisficing"-Strategie die erste Stufe der Alternativenauswahl dar (Schimank 2005, S.367). Der Akteur hat bereits eine zufriedenstellende Alternative gefunden und sucht aber je nach zur Verfügung stehender Zeit eine noch bessere Alternative. Die bessere Alternative muss das Anspruchsniveau der zufriedenstellenden (ersten) Alternative deutlich übertreffen. Je mehr Zeit dem Akteur zur Verfügung steht, je geringer das Anspruchsniveau der ersten Alternative ist und je wichtiger die Entscheidung im Vergleich zu anderen Aktivitäten ist, desto länger wird nach einer besseren Alternative gesucht werden (Schimank 2005, S.367).

Strategie des Vernetzten Denkens

Vernetztes Denken stellt eine Strategie dar, die in den bereits behandelten Entscheidungsstrategien eingesetzt werden kann. Darunter ist die systemische Betrachtung einer Entscheidungssituation zu verstehen.

Bei der Strategie des „Vernetzten Denkens" planen die Akteure ihre Entscheidungsschritte in zwei Richtungen. Einerseits vom erwünschten Ziel aus, also rückwärts, andererseits in einer kausalen Betrachtung der Entscheidungsschritte, also vorwärts. Dabei bedienen sie sich einem Repertoire von Kreativitätstechniken. Sie berücksichtigen bei ihren Entscheidungen Neben- und Fernwirkungen von Maßnahmen und antizipieren deren zeitliche Verzögerungen (Zeitabläufe), welche sie in einem Modell visualisieren (Dörner 2007, S.294). Es handelt sich hierbei um ein Denken innerhalb realer Wechselbeziehungen. Dies erfordert ein reiches Methodenrepertoire des Akteurs und die Akzeptanz des sozialen Systems, in solchen Möglichkeiten zu denken.

Vereinfachung und Delegation

Um mit Unsicherheit umzugehen, vereinfacht der Akteur situativ komplexe Sachverhalte. Wenn Akteure feststellen, dass die eigenen Kompetenzen zur Lösung des Problems zu gering und das Vertrauen in eine andere Person groß genug sind, dann delegieren sie die Entscheidungen an eine ihrer Meinung nach kompetentere Person. Das kommt der Informationsvermeidungstendenz der Akteure entgegen und unterstellt, dass der Andere die Präferenzen besser kennt als der Akteur selbst (Enste 1998, S.459). Der Vorteil in der Strategie der Delegation liegt darin, dass der Akteur nicht bei seiner Alternativen- bzw. Lösungssuche verharrt, sondern die betreffende Entscheidung durch einen kompetenteren Akteur weiterbearbeitet wird. Allerdings liegt das Risiko auch klar auf der Hand: dass ein großes Maß an Delegation die Kompetenz des Akteurs zu einem bestimmten Zeitpunkt in Frage stellt und er deshalb die Entscheidung nicht delegieren und demnach auch nicht bearbeiten wird. Dies gilt dann nicht, wenn dieser Akteur in seinem Netzwerk eine absolute Schlüsselposition bekleidet und in der Lage ist, die Entscheidungen an die richtigen Akteure weiterzugeben. Zusätzlich muss dies vom sozialen System toleriert und erkannt werden.

2.4 Zusammenfassung

Entscheidungen unter Unsicherheit sind gefordert, wenn die Folgen einer Entscheidung kaum eingeschätzt oder beurteilt werden können. Die Unsicherheit ergibt sich durch die dynamische Veränderung der Entscheidungskomponenten (zeitliche Dimension) und der Komplexität, Vernetztheit und Intransparenz von zu berücksichtigenden Entscheidungsfaktoren (sachliche Dimension). Diese wirken sich auf die Entscheidung bzw. den Entscheidungsprozess von Gruppen aus (soziale Dimension), welche eine gewählte Strategie anwendet, um trotz der Unsicherheit Entscheidungen zu treffen. Der Strategie der Gruppe gehen die individuellen Strategien der einzelnen Akteure voraus und beeinflussen diese, neben dem sozialen System, maßgeblich. Aus der Forschung zu Unsicherheit, Innovationsmanagement und der soziologischen Betrachtung von Gruppenentscheidungen sind Einflussfaktoren bekannt, die Unsicherheit reduzieren. Dies sind Konstrukte wie innovationsfördernde Kultur, Vertrauen, Regeln (Normen), Routinen und Wahrnehmung (Sprache). Jedoch reichen die genannten Faktoren noch nicht aus, um eine Lösung für die Problemstellung zu generieren. Es stellt sich die Frage: Was sind die konkreten Einflussfaktoren für Entscheidungen unter Unsicherheit für Gruppen? Abbildung 5 soll diesen Rahmen verdeutlichen und den Übergang zum Struktur- und Handlungsmodell klar ersichtlich machen. Dabei sind bisher identifizierte Faktoren nach abhängiger (aV) und nicht-abhängiger Variabel (naV) aufgeteilt.

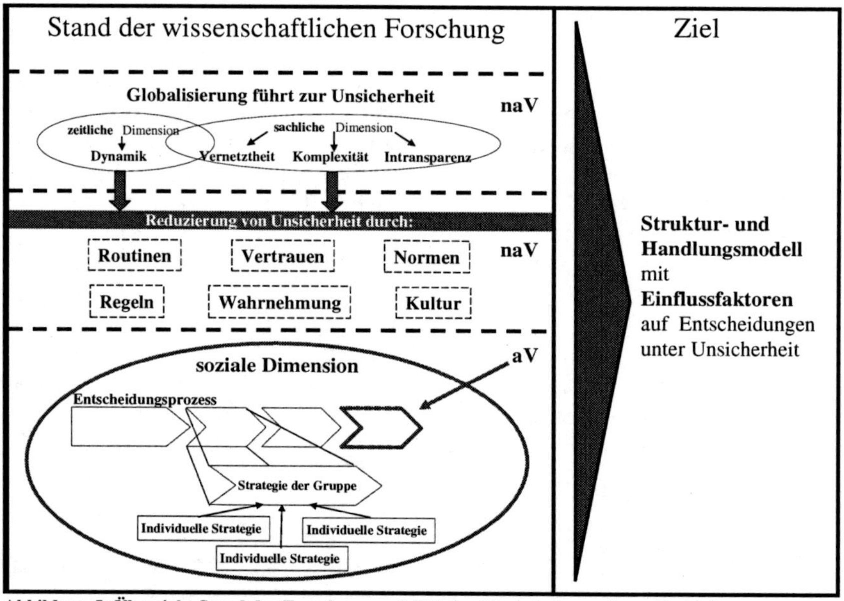

Abbildung 5: Übersicht Stand der Forschung und Ziel der Dissertation – eigene Darstellung

Die drei Sinndimensionen (zeitlich, sachlich und sozial) sind eng miteinander verbunden und die jeweiligen Unsicherheiten jeder einzelnen haben wechselseitige Auswirkungen auf die jeweils anderen Dimensionen. Beispielsweise hat die Veränderung der Marktanforderungen (Dynamik eines wichtigen Parameters einer Entscheidung) Auswirkungen auf die Gruppe (soziale Dimension), welche sich dazu entscheidet, eine wichtige Information geheim zu halten. Das führt wiederum dazu, dass jene Information anderen nicht zugänglich ist und folglich intransparent ist (sachliche Dimension). Aufgrund dieser Interdependenzen liegt der Fokus der Dissertation auf der sozialen Dimension, obgleich den beiden anderen am Rande Rechnung getragen wird, da hier der größte Gestaltungsspielraum zur Veränderung gesehen wird. Aus dem Stand der wissenschaftlichen Forschung ergeben sich folgende handlungs- und strukturrelevanten Fragen.

- Handlungsrelevante Fragen: Welche Kommunikationsform ist angemessen? Wie sollte die Gruppe mit Informationen umgehen? Wie sollte sich der Gruppenleiter verhalten? Welche Eigenschaften/Kompetenzen sollten Gruppenmitglieder und -leiter mitbringen?
- Strukturrelevante Fragen: Wie muss die Gruppe zusammengesetzt sein? Welche strukturellen Merkmale auf der organisatorischen Ebene fördern Entscheidungen unter Unsicherheit in Gruppen?

Aufgrund der Entwicklung von „Neuem" ist das Innovationsmanagement für Unsicherheiten im Entscheidungsprozess prädestiniert und wird deshalb als Praxisfall herangezogen. In keinem anderen Unternehmensbereich werden Entscheidungen getroffen, die von einer hohen Unsicherheit geprägt und dessen Folgen gegenwärtig nicht abschätzbar sind. Es gilt nun im Folgenden einen Bezugsrahmen aufzustellen, der die strukturellen und handlungstheoretischen Einflussfaktoren für Entscheidungen unter Unsicherheit enthält.

3 Systemische Betrachtung

Die Systemische Betrachtung beinhaltet die Untersuchung der Wirkzusammenhänge der Makro-, Meso- und Mikroebene. Wenn nach den Funktionen oder Aufgaben eines Teils für das Ganze gefragt wird, besteht ein Systemzusammenhang (Feldmann 2000, S.32). Da Entscheidungen in soziale Systeme eingebettet sind, soll in den nachstehenden Kapiteln herausgearbeitet werden, welche Einflussfaktoren existieren und welche Wechselwirkungen zwischen diesen bestehen.

Im Folgenden wird auf die Grundlagen der Systemtheorie eingegangen, um ihre Bedeutung für die Dissertation hervorzuheben. Ein System besteht aus Elementen, z.B. Akteuren, Handlungen und Kommunikationen, die miteinander vernetzt sind. Das System wird von einer Umwelt umgeben, von der es sich einerseits abgrenzt, andererseits sich aber auch an diese anpasst, um zu überleben. Systeme sind durch Baupläne strukturiert. Entsprechend diesen Bauplänen (Regelsysteme) werden soziale Gebilde ständig hergestellt, erhalten, umgebaut und zerstört. So befinden sich Systeme meistens in einem dynamischen Gleichgewicht, beispielsweise bleibt die Fluktuationsrate eines Systems, z.B. eines Unternehmens, oft konstant (Feldmann 2000, S.33). Systeme importieren Energie aus der Umwelt (Rohstoffe, wie z.B. Erdöl oder Arbeitskräfte), sie wandeln Energie in Produkte (z.B. Autos, Publikationen) und verändern durch die Energieumwandlung, die Herstellung und Verwendung der Produkte ihre Umwelt (z.B. Luftverschmutzung und/oder Bildung) (Feldmann 2000, S.34). Soziale Systeme bestehen aus einer Abfolge von Kommunikationsereignissen (Pelikan 2004, S.137) und selektieren aus der Vielzahl möglicher Ereignisse geeignete und erwünschte Aktionen, die Komplexität reduzieren und damit das System entwickeln und sich selbst erhalten (Feldmann 2000, S.35). Dadurch entstehen in einem sozialen System Erwartungen, Regeln und Normen, welche zu dessen Stabilisierung beitragen. Eine moderne Gesellschaft differenziert sich in Subsysteme, wie z.B. Wirtschaft, Politik, Recht und Bildung. Zwischen diesen Subsystemen sorgen Kommunikations- und Austauschmedien (z.B. Geld, Macht, Wahrheit) für den Erhalt der Systeme. Diese Medien entlasten Akteure durch ihre Vergleichbarkeit in ihren Handlungen. Beispielsweise dient Geld als zentrales Tauschmedium für fast alle Handelsgüter. Demjenigen der Macht hat, gebührt das Recht, Entscheidungen zu treffen und die Wissenschaft erhebt beispielsweise den Anspruch der absoluten Wahrheit. Die Entlastung der Akteure findet durch die Verlässlichkeit dieser Medien statt, welche aufgrund ihrer Wirksamkeit einer regelmäßigen Kontrolle bedürfen. Ähnliche Subsysteme finden sich auch in der funktionalen Aufteilung in Unternehmen wieder. Das Subsystem „Wirtschaft“ beinhaltet z.B. die Bereiche Controlling, Einkauf und Vertrieb. Das Subsystem „Politik“ existiert durch die Unternehmensstrategie und -entwicklung (im Sinne von Visionen), aber auch und gerade durch Entscheidungen von Akteuren, die mit der nötigen Macht ausgestattet sind. Das Subsystem „Recht“ besteht z.B. in Form von Patentabteilungen, Betriebsvereinbarungen und Arbeits- und Sozialgesetzen. Schließlich bildet das Subsystem „Bildung“ die Aus- und Weiterbildung im Rahmen des Personalwesens ab. Die zur Verfügung stehenden Kommunikations- und Austauschmedien sind Budgetzuteilungen, Macht durch hierarchische Strukturen und Wahrheit durch Forschungs- und Entwicklungsabteilungen.

Dieser Sachverhalt lässt sich auf jedes System anwenden, so auch auf „Gruppenentscheidungen unter Unsicherheit“. Für die Betrachtung von Systemischen Zusammenhängen wurden Modelle in der Soziologie aufgestellt, wobei das Grundmodell soziologischer Erklärungen nach Esser das Basismodell bildet und daher zunächst herangezogen wird.

Dieses Grundmodell besteht aus einer Makro- und Mikroebene und einem Mikro-Makro-Modell (Esser 1993, S.92). Auf der Makroebene werden einerseits die kollektiven Phänomene, also die Wirkung von aggregierten Handlungen von Akteuren, rekonstruiert, welche in diesem Fall die Legitimität von Entscheidungen unter Unsicherheit darstellt. Andererseits wird die soziale Situation bewertet, in diesem Fall die Unsicherheit der Entscheidungssituation. Die Mikroebene umfasst den Akteur und seine Handlung, auf deren Grundlage ein Mikromodell konstruierbar ist. Dieses Mikromodell dient der Erklärung, aus welchem Grund Akteure bestimmte Handlungen, beispielsweise gewisse Präferenzen, selektieren. Hier liegt demnach der Fokus auf den Strategien, die Akteure unter Unsicherheit auswählen. Die Benennung der Randbedingungen erfolgt durch das Mikro-Makro-Modell, weil sich daraus erst der Ablauf des Handelns, folglich die tatsächliche Entscheidungsfindung, ableiten lässt. Zum Einen spielen hierbei besonders die Wechselwirkungen zwischen der objektiven Situation auf der Makroebene (soziale Situation) und der subjektiven Wahrnehmung durch den Akteur auf der Mikroebene eine Rolle; zum Anderen sind die Wechselwirkungen zwischen der Handlung auf der Mirkoebene und dem kollektiven Phänomen auf der Makroebene bedeutsam.

Die Analyse der Situation von Akteuren erfolgt durch die Logik der Situation, Logik der Selektion und Logik der Aggregation (Esser 1993, S.94). Erstens entsteht die Logik der Situation durch die Rekonstruktion der sozialen Situation, der sich die Akteure ausgesetzt sehen (festgelegte Bedingungen, Erwartungen und Alternativen der Akteure). Bereits im Kapitel 2.3.3.2 war hier die Rede von Framing, also die Frage nach der subjektiven Sicht auf objektive Tatbestände. Darauf folgt zweitens die Logik der Selektion, die das individuelle Handeln erklärt. Es geht hierbei um die allgemeinen nomologischen Gesetze, nach denen die Akteure eine bestimmte Alternative unter den gegebenen Bedingungen selektieren. Drittens erklärt die Logik der Aggregation die aggregierende Transformation der individuellen Effekte des Handelns der Akteure zu dem jeweiligen kollektiven Explanandum (Makroebene). In Abbildung 6 ist der beschriebene Zusammenhang visuell dargestellt und um die Brückenhypothesen, welche typische Situationen von Handelnden beschreiben, eine allgemeine Handlungstheorie, die die Selektion von Handlungen durch die Akteure erklärt und die Transformationsregeln, die die Aggregation der individuellen Handlungen zu dem kollektiven Explanandum verdeutlichen, ergänzt (Esser 1993, S.97).

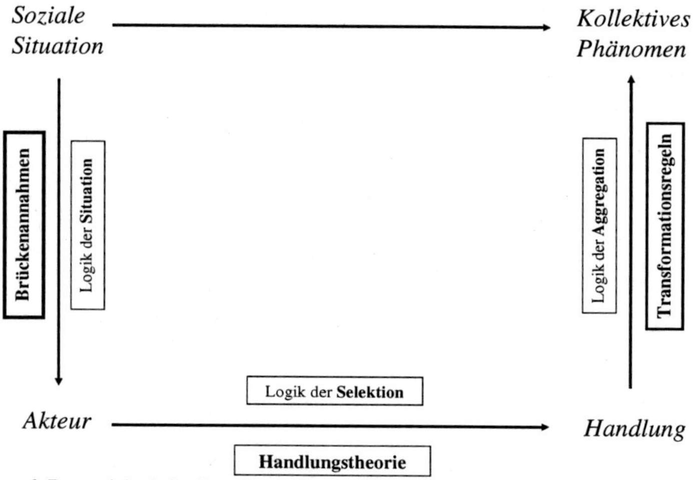

Abbildung 6: Das soziologische Grundmodell nach Esser (1993, S.97) – eigene Darstellung

Das soziologische Grundmodell nach Esser bietet einen ersten Ansatzpunkt zur Herangehensweise und groben Struktur für die Fragestellung dieser Dissertation. Für die Bestimmung der Einflussfaktoren wird es bedeutend sein, die einzelnen Logiken zu verstehen und zu analysieren. Das Modell genügt allerdings noch nicht den Ansprüchen, Einflussfaktoren für Entscheidungen unter Unsicherheit treffen zu können. Aus diesem Grund wird ergänzend das Modell von Büschges/Abraham aus der Organisationssoziologie herangezogen (Abb.7), welches den systemischen Zusammenhang und die möglichen Einflussfaktoren auf die Legitimität von Entscheidungen unter Unsicherheit verdeutlicht und in ebenfalls drei Analyseeinheiten aufgeteilt ist: die Makro-, Meso- und Mikroebene.

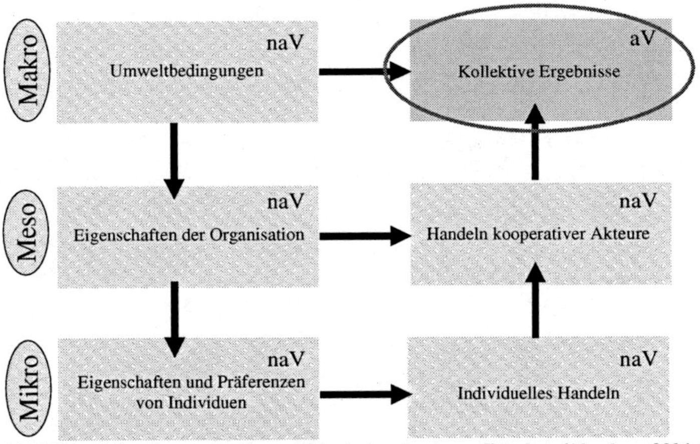

Abbildung 7: Logik organisationssoziologischer Analysen (Büschges/Abraham 2004, S.84)

Die Makroebene umfasst die Organisationsumwelt, die die kollektiven Ausgangsbedingungen der individuellen und korporativen Akteure beschreibt und somit der Aggregation im soziologischen Grundmodell nach Esser entspricht. Korporative Akteure sind „institutionell geregelte Zusammenschlüsse von Personen, die als Gruppe so organisiert und mit Institutionen ausgestattet sind, dass sie kollektive Entscheidungen fällen und in bestimmten Handlungskontexten wie Individuen agieren können (Büschges/Abraham 2004, S.84). Beispielsweise ist ein Automobilhersteller in die metallverarbeitende Industrie mit seinen rechtlichen (z.B. Emissionsanforderungen) und institutionellen (z.B. Zulieferer, Wettbewerber) Ausprägungen eingebettet.

Die Mesoebene der Organisation beschreibt die organisationalen Eigenschaften, Strukturen und Ziele der Organisation, welche bei Esser der Logik der Selektion entspricht. Diese können entweder im Hinblick auf den korporativen Akteur (den Automobilhersteller) oder auf deren Bedeutung als Rahmenbedingung für das Handeln individueller Akteure (z.B. Mitarbeiter des Automobilherstellers) formuliert werden. Welche Aspekte im Vordergrund stehen, entscheidet der Forscher anhand des zu bearbeitenden Forschungsproblems. Hier wird der Fokus auf Akteure gelegt, die in Gruppen Entscheidungen unter Unsicherheit treffen.

Die Mikroebene des Individuums beschreibt die individuellen Akteure mit ihren Zielen, Präferenzen, Handlungsentscheidungen und deren Konsequenzen (Büschges/Abraham 2004, S.83), entsprechend der Logik der Situation bei Esser. Der Mehrwert dieses Organisationsmodells liegt in der

Ausdifferenzierung der Makroebene des Esser-Modells, hier der Mesoebene mit den Eigenschaften einer Organisation und den Handeln korporativer Akteure. Jedoch bleibt dieses Modell rein statisch und vernachlässigt daher den dynamischen Verlauf von Entscheidungen. In einer Kombination der beiden Modelle liegt der eigentliche Erklärungsbeitrag, folglich in der statischen Befüllung des Modells und der Erklärung der Zusammenhänge über deren Logiken. In der Abbildung 8 sind die strukturellen Merkmale nach abhängigen (aV) und nicht-abhängigen (naV) Variablen gekennzeichnet.

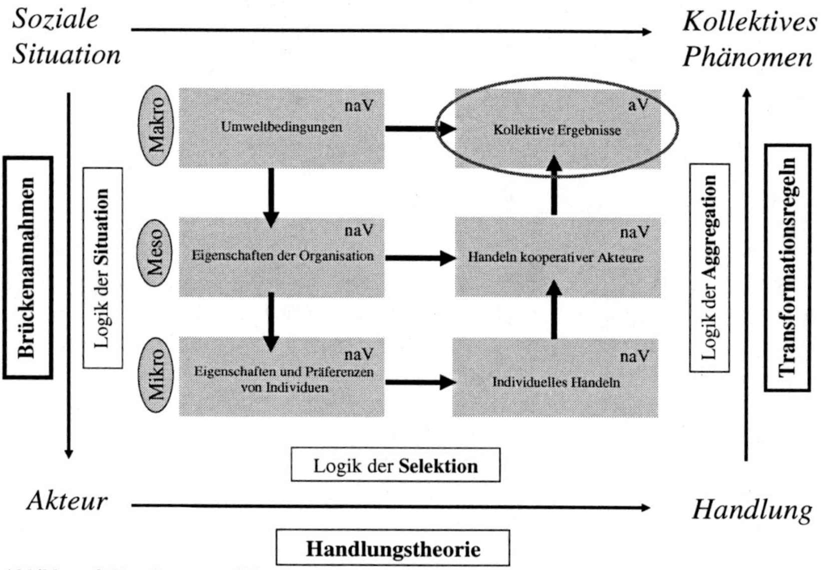

Abbildung 8:Handlungs- und Strukturmodell – eigene Darstellung

In der weiteren Vorgehensweise werden auf der Makro-, Meso- und Mikroebene identifizierte Einflussfaktoren beschrieben, die auf Grundlage des wissenschaftlichen Forschungsstandes und weiteren Ergänzungen Einfluss auf Entscheidungen unter Unsicherheit in Gruppen haben.

3.1 Makroebene

Die Makrosoziologie untersucht die gesamtgesellschaftlichen Wirkungszusammenhänge sozialer Systeme im Hinblick auf das Zusammenwirken struktureller Elemente, institutionalisierter Prozesse und deren langfristige Dynamik (Lexikon der Soziologie 1995, S.413; Joas 2007, S.108). Als Umweltbedingung einer Organisation bzw. im Folgenden eines Unternehmens wird die Unsicherheit betrachtet, die bereits in den Kapiteln 1.2 und 2.1 ausführlich beschrieben wurde. An dieser Stelle wird noch einmal zusammenfassend dargestellt, welche Phänomene das Konstrukt „Unsicherheit" am besten messbar machen können. Eine Entscheidungssituation ist von mehreren Komponenten geprägt, die für das Ergebnis der Entscheidung ausschlaggebend sind. Die systemische Betrachtung dieser Komponenten erzeugt mehr oder weniger hohe Unsicherheit. Die Dissertation fokussiert hierbei die vier Faktoren nach Dörner: Komplexität, Dynamik, Vernetztheit und Intransparenz. Die Komplexität soll durch das Vorhandensein und gleichzeitige Berücksichtigen vieler Einflussfaktoren, die bei einer Entscheidung zu beachten sind, gemessen werden. Die Dynamik wird am Besten durch die zeitliche Veränderung und Weiterentwicklung relevanter Einflussfaktoren bei einer Entscheidung erfasst. Wechselseitige Abhängigkeiten der Entscheidungskomponenten beschreiben die Vernetztheit und eine geringe Verfügbarkeit von Informationen über Entscheidungskomponenten führt zur Intransparenz.

Die abhängige Variable befindet sich auf der Makroebene und beschreibt die „Legitimität der Entscheidung". Entscheidungen können grundsätzlich erst retrospektiv bewertet werden. Gerade bei Entscheidungen unter Unsicherheit, bei der die Konsequenzen von Entscheidungen nicht unmittelbar sichtbar sind, sondern sich teilweise erst Jahre später zeigen, ist es schwierig, in der Gegenwart eine Bewertung vorzunehmen. In Anlehnung an die Ausführungen nach Johnson (Johnson 2009, S.266-267) ist eine subjektive Einschätzung der Legitimität einer Entscheidung nach Einhaltung vorgegebener Zeit und Kosten sowie die Zufriedenheit der Gruppe mit dem Entscheidungsergebnis, der Gruppenleistung, der Gruppenatmosphäre und der Verantwortung für das Gruppenergebnis als zielführend und empirisch messbar zu betrachten.

3.2 Mesoebene

Unternehmen sind aus soziologischer Sicht Organisationen, folglich auch soziale Systeme, die bestimmte Prozesse für den Ablauf von Entscheidungen institutionalisiert haben (Joas 2007, S.127). Dabei handelt es sich um routinierte Verhaltensmuster und Rollenbeziehungen. Unternehmen können als künstliche Umwelt betrachtet werden, die individuelles Verhalten durch Vorgaben und Routinen entlasten und damit eine Verhaltenssicherheit schaffen. Doch durch welche Mechanismen kann ein Unternehmen besser mit Unsicherheit umgehen bzw. Unsicherheiten reduzieren? Die Literatur bezieht sich in diesem Zusammenhang oft auf die Selbstorganisation sozialer Systeme, weil diese die Anpassungsfähigkeit der Organisation, die Motivation und Arbeitszufriedenheit der Mitarbeiter erhöhen (Kieser/Kubicek 1992, S.468). Daher fließen deren Inhalte in die folgenden Kapitel mit ein.
Entsprechend dem organisationssoziologischen Modell werden auf der Mesoebene die Eigenschaften einer Organisation und das Handeln korporativer Akteure betrachtet. Für den vorliegenden Sachverhalt werden bei den Eigenschaften einer Organisation daher die Unternehmenskultur und Unternehmensstruktur als wichtige Einflussfaktoren gesehen (Frey 2006, S.25-28). Beim Handeln korporativer Akteure sind wichtige Einflussfaktoren, auch aufgrund der Ausführungen im Kapitel 2.2 zum Innovationsmanagement, das Gruppenverhalten hinsichtlich Kommunikation und Information, das Führungsverhalten, die Gruppenzusammensetzung und Gruppennormen (Frey 2006; Weissenberger-Eibl 2004; S.470ff).

3.2.1 Unternehmenskultur

„Unter Unternehmenskultur ist die Gesamtheit unternehmungsbezogener Werte und Normen (z.B. Einstellung zum Kunden, zur Gesellschaft, zur Umwelt) zu verstehen, die einen prägenden Einfluss auf das Verhalten der Mitglieder einer Unternehmung haben. Die Basis bildet damit ein Wertesystem, das möglichst von allen Mitgliedern der Unternehmung getragen wird. Durch organisationsspezifische Sozialisationsprozesse werden diese Werte und Normen an neue Mitglieder weitergegeben und durch entsprechend konformes Handeln immer wieder neu legitimiert“ (Corsten/Gössinger/Schneider 2006, S.77).
Die Ebenen der Kultur sind zum Einen sichtbar und zum Anderen unsichtbar und lassen sich in drei Ebenen einordnen: die Artefakte, die öffentlich popagierten Werte und die unausgesprochenen gemeinsamen Annahmen (Schein 2003, S.31).

Artefakte sind sichtbare Organisationsstrukturen und -prozesse (z.B. Architektur, Kleidung, Umgangston), die leicht beobachtbar sind und eine unmittelbare emotionale Auswirkung haben, aber nur schwer zu entschlüsseln sind, weil sie deren Existenz nicht erklären (Schein 2003, S.32). Kulturindikatoren, wie z.B. Sprache oder Rituale, sind sichtbar, aber interpretationsbedürftig (Corsten/Gössinger/Schneider 2006, S.77).
Öffentlich propagierte Werte beschreiben die Strategien, Ziele und Philosophien (propagierte Rechtfertigungen). Diese liegen häufig in schriftlicher Form auf der Unternehmenshomepage und als Dokument vor und sind bei den meisten Unternehmen identisch (z.B. Teamarbeit, Kundenorientierung) (Schein 2003, S.34). Werthaltungen, wie z.B. Höflichkeit, können sowohl offiziell als auch inoffiziell sein, sind teils sichtbar und unbewusst (Corsten/Gössinger/Schneider 2006, S.77).
Bemerkenswerterweise beweist das gezeigte Verhalten von Mitarbeitern in unterschiedlichen Unternehmen, dass tiefere Denk- und Wahrnehmungsebenen die Kultur steuern, die sogenannten unausgesprochenen gemeinsamen Annahmen. Um diese Ebene verstehen zu können, müssen die Geschichte des Unternehmens wie auch die Werte, Überzeugungen und Annahmen der Gründer und erfolgreichen Führungskräfte berücksichtigt werden. Denn die „gemeinsam erlernten Werte, Überzeugungen und Annahmen, die für selbstverständlich gehalten werden, wenn das Unternehmen weiterhin erfolgreich ist, sind die Essenz der Unternehmenskultur" (Schein 2003, S.35). „Eine gute oder richtige Kultur hängt davon ab, dass gemeinsam unausgesprochene Annahmen eine im Unternehmensumfeld funktionale Strategie und Struktur schaffen" (Schein 2003, S.39). „Wenn man diese Annahmen versteht, lässt sich leicht erkennen, wie beobachtbare Verhaltensartefakte entstehen. Die Umkehrung gilt nicht unbedingt: man kann aus der Beobachtung des Verhaltens nicht auf die Annahmen schließen. Um die Kultur wirklich zu verstehen, braucht man einen Prozess, zu dem systematische Beobachtung und Gespräche mit Insidern gehören, um die unausgesprochenen Annahmen explizit zu machen" (Schein 2003, S.39).
Die zwei grundsätzlichen Aufgaben der Unternehmenskultur sind Koordination und Motivation. Die Koordinationsfunktion erfüllt sie durch die Bereitstellung eines gemeinsamen Bezugssystems, welches eine einheitliche Interpretation und Verständigung ermöglicht und damit die Handlungen der Mitarbeiter legitimiert. Wenn Mitarbeiter übereinstimmende Werte und Normen verinnerlicht haben, sind sie in der Lage, ihre Aktivitäten auch ohne strukturelle Vorgaben aufeinander abzustimmen (Kieser/Kubicek 1992, S.18). Erfolgreiche Unternehmen verfügen über eine ausgeprägte Kultur, die marktnah ist, aus wenigen Leitwerten besteht und die klar formuliert ist.

Kulturelle Normen stellen sicher, dass jeder Akteur weiß, wie er sich zu verhalten hat und das Verhalten seiner Kollegen damit kalkulierbar und vorhersehbar macht.
Die Unternehmenskultur wirkt motivierend, indem sie für eine Stärkung des Zusammengehörigkeitsgefühls sorgt, welches wiederum positive Auswirkungen auf die Leistungsbereitschaft der im Unternehmen agierenden Mitarbeiter hat (Corsten/Gössinger/Schneider 2006, S.79).
Im Folgenden werden die zentralen Einflussfaktoren der Unternehmenskultur dargestellt, die sich positiv auf Entscheidungen unter Unsicherheit auswirken. Die Einflussfaktoren bilden einen institutionellen Rahmen, der zum Einen Einfluss auf die Wahrnehmung der am Entscheidungsprozess unter Unsicherheit beteiligten Akteure ausübt und zum Anderen Bewältigungsstrategien für den Umgang mit Unsicherheit zur Verfügung stellt (Wieland 2004, S.10).
Entscheidende Einflussfaktoren sind klare und gemeinsam getragene Unternehmensziele und -visionen, da sie für die Ausrichtung des Unternehmens stehen und damit Orientierung für die Mitarbeiter bieten. Diese Faktoren wurden bereits im Kapitel 2.2 über Innovationsmanagement verdeutlicht. Dabei sind die Ziele des Unternehmens allen Mitarbeitern klar und verständlich zu vermitteln. Ebenso sollte jedes Unternehmen über eine Vision verfügen, die die Mitarbeiter begeistert und motiviert. Visionen sorgen, wenn sie gemeinsam getragen werden, zusätzlich für die nötige Motivation bei den Akteuren (Kieser/Kubicek 1992, S.119). Eine Sicherstellung der gemeinsam getragenen Visionen eines Unternehmens gelingt ausschließlich über eine möglichst hohe gemeinsame Übereinstimmung der Akteure. Unterstützend wirken hierbei schriftliche Fixierungen (Kieser/Kubicek 1992, S.120).
Für Entscheidungen unter Unsicherheit ist eine Vertrauenskultur elementar. Diese impliziert, dass Mitarbeiter nicht durch strikte Weisung und Kontrolle geführt werden, sondern dass diese die ihnen übertragenen Aufgaben verantwortungsvoll übernehmen, ganzheitlich bearbeiten und mit ausreichend Kompetenz ausgestattet sind (Kieser/Kubicek 1992, S.407). Dadurch wird die Kontrolle überflüssig und die Mitarbeiter arbeiten eigenverantwortlich im Rahmen ihrer Befugnisse und der vereinbarten Zielsetzungen. Vorgesetzte verstehen sich als Impulsgeber und Ideenförderer. Dies erfordert allerdings einen gewissen Reifegrad der Führungskräfte und Mitarbeiter. Eine solche Vertrauenskultur bewirkt demnach Kostenvorteile durch die Verringerung des Steuerungsaufwandes, Zeitvorteile durch den Wegfall von aufwändigen und langwierigen Verhandlungs- und Abstimmungsprozessen sowie durch die Verkürzung der Entscheidungswege letztlich eine hohe Einsatzbereitschaft und ein ausgeprägtes Verantwortungsbewusstsein seitens der Mitarbeiter,

auch ohne Prämien oder andere materielle Anreize. Die Vertrauenskultur wird durch die Bereitschaft, Kooperationen einzugehen, begünstigt sowie durch die Verbindlichkeit von Vereinbarungen und Absprachen gestärkt (Vahs/Burmester 2005, S.358). Daneben vermitteln kooperative Arbeits- und Führungskonzepte Freiräume und führen zum engagierten und verantwortungsvollen Handeln seitens der Mitarbeiter (Vahs/Burmester 2005, S.365). Ergänzend sieht hier die Selbstorganisationstheorie die Bedeutung der Verantwortlichkeit von Gruppen für die Ergebnisse ihrer Entscheidung, eine ständige Selbstkontrolle der laufenden Arbeitsergebnisse, eine Selbstführung durch eigeninitiative Korrekturen ihres Handelns und ständiger Suche nach Verbesserung der von ihnen eingesetzten Verfahren und der selbstständigen Abstimmung untereinander und mit anderen Einheiten (Kieser/Kubicek 1992, S.470). Vertrauenskultur bedeutet aber auch, Informationen zu teilen, die gerade bei Entscheidungen unter Unsicherheit im Rahmen der sachlichen Dimension wichtig sind. Folglich ist besonders auf die Zugänglichkeit von Informationen zu achten (Gerpott 2005, S.151). Vertrauen ist ein Konstrukt, welches so lange auf Kredit vergeben wird, bis es missbraucht wird. Es ist demnach ein sehr kostbarer Faktor.

Ein weiterer Einflussfaktor besteht in einer konstruktiven Fehler- und Lernkultur (Frey 2006, S.24). Eine Fehler- und Lernkultur ist ein wesentlicher Bestandteil der Unternehmenskultur innovativer Unternehmen (Vahs/Burmester 2005, S.365). Eng damit verbunden ist die Toleranz gegenüber Misserfolgen und Fehlschlägen, denn ein Fehlschlag sollte nicht als negativ, sondern positiv gesehen werden, als Chance, etwas daraus lernen zu können. „Psychologische Forschungen zeigen, dass nur dort, wo eine Streit- und Konfliktkultur besteht, wo also auch Minoritätspositionen umgesetzt werden und wo keine falsche Harmonie existiert, die Entscheidungsqualität steigt“ (Frey 2006, S.25). Die Mitarbeiter sollten eine positive Einstellung zur Teamarbeit bei entstehenden Konflikten aufweisen sowie gleichzeitig eine Toleranz gegenüber unvermeidbaren Fehlern und Misserfolgen aufbauen (Gerpott 2005, S.151). Unternehmenskulturen, die durch Dynamik, Unternehmertum und Risikobereitschaft (Adhocracy-Kultur), gekennzeichnet sind, sind in Bereichen hoher Technologiedynamik geeigneter als Unternehmenskulturen, die sich durch Standardisierung, Formalisierung, Bürokratismus, formale Regelungen und Bewahrung reibungsloser Abläufe auszeichnen (Hierarchie-Kultur). Damit ist festzuhalten, dass hierarchische Strukturen im Unternehmen eine Notwendigkeit darstellen, aber bei „Entscheidungen unter Unsicherheit“ möglichst ausgeblendet werden sollten, da eine stark an der Hierarchie ausgerichtete Unternehmenskultur in signifikanter Weise den Entscheidungserfolg für Innovationen reduziert (Ernst 2003, S.27f). Eine Fehlerkultur ist aus soziologischer Sicht eine besondere Herausforderung für die Gruppe, da Streiten und Zugeben von Fehlern genau jene Elemente sind, die die Gruppenharmonie stören und das Zusammengehörigkeitsgefühl subjektiv verringern. Aber im Grunde genommen führt gerade die Auseinandersetzung im Nachhinein zu einer Gruppenstärke. Eine Lernkultur bedeutet die selbstständige Weiterbildung und -entwicklung von Mitarbeitern und beinhaltet hier insbesondere eine problemlösungsorientierte Herangehensweise und das Lernen aus Fehlern. De facto werden aber gerade in Krisenzeiten Ausgaben für Weiterbildung gestoppt bzw. bestimmte Personengruppen (z.B. ältere Mitarbeiter) in der Weiterbildung benachteiligt.

Aus einer konstruktiven Fehler- und Lernkultur folgt eine gelebte Feedbackkultur. Gerade weil Entscheidungen unter Unsicherheit das Charakteristikum der Einmaligkeit haben, ist sowohl das Einfordern als auch das Geben kritischen Feedbacks wichtig. Rückkopplungen sorgen für eine ständige Koordination zwischen Fachabteilungen und damit einer Anpassung an Verhaltensweisen im Umgang mit Unsicherheit (Braun-Thürmann 2005, S.53).

Schließlich setzt eine bereichsübergreifende Zusammenarbeit eine Netzwerkkultur voraus, welche die Informationsverfügbarkeit erleichtert und das Treffen informeller Gruppen ermöglicht. Eine Netzwerkkultur ermöglicht das Zusammenspiel von Akteuren mit unterschiedlichen Motiven und Interessen (Braun-Thürmann 2005, S.75). Dadurch bilden sich informelle Kommunikationssysteme mit einer hohen Kommunikationsdichte (Vahs/ Burmester 2005, S.365), die dafür sorgen, dass ein schneller Austausch mit den richtigen Akteuren stattfinden kann. Häufig organisierte soziale Zusammenkünfte unterstützen informelle Interaktionen und fördern dadurch die formelle Zusammenarbeit. Die Zusammenkünfte dienen dazu, Vertrauen zu verstärken und Neugier an dem zu wecken, was andere tun und wissen (Gigerenzer 2007, S.87). Erforderlich ist hierbei eine Unternehmenskultur, die unter anderem durch die sozialen Beziehungen der Mitarbeiter untereinander hergestellt und gestaltet wird (Küppers 1999, S.362). Diese Kultur setzt voraus, dass Menschen aufeinander zugehen können und nicht nur im akuten Notfall an die Kontakte in ihrem Netzwerk denken, sondern dieses möglichst kontinuierlich pflegen und erweitern.

Eine Kultur der Offenheit wird durch eine überdurchschnittlich hohe Systemoffenheit begünstigt. Darunter ist eine intensive unternehmensinterne und -externe Informationsaufnahme und -abgabe zu verstehen. Ebenso wirkt sich ein offener, stark informal geprägter Kommunikationsstil (beispielsweise intensiver abteilungsübergreifender Austausch von Erfahrungen) positiv auf Entscheidungen unter Unsicherheit aus (Gerpott 2005, S.151). Die physische Offenheit ist an offenen oder durchsichtigen Türen erkennbar, welche es ermöglichen, jedes Thema jederzeit zu verbalisieren und für jeden ansprechbar zu sein (Gigerenzer 2007, S.88). Diese Offenheit wird durch eine Vernetzung der Mitarbeiter untereinander verstärkt und trägt zusätzlich zu mehr Vertrauen bei (Jaworski 2007, S.64).

Die beschriebenen kulturellen Einflussfaktoren zeigen in sich bereits Wechselwirkungen auf. Die Vertrauenskultur wird durch Verantwortung als kulturellem Wert, einer Netzwerkkultur und Kultur der Offenheit gefördert. Die Fehler- und Lernkultur wird wiederum durch eine starke Feedbackkultur geprägt. Es zeigt sich allerdings auch, dass diese Kultur nur von und durch Menschen (re-)produziert werden kann, wenn diese bestimmte Kompetenzen und Reifestufen erreicht haben und ein strukturelles System (z.B. Belohnungssystem) dahintersteht, welches die aufgeführten Elemente fördert. Die Unternehmenskultur kann durch Elementarsätze (Items) bzw. durch Interviews erhoben werden.

Wenn die Unternehmenskultur ein entscheidender Einflussfaktor für Entscheidungen unter Unsicherheit ist, dann ist es wichtig, auch die Struktur eines Unternehmens genauer zu betrachten (Braun-Thürmann 2005, S.92), da jene als unterstützende Funktion dazu beiträgt (Kieser/Kubicek 1992, S.406).

3.2.2 Unternehmensstruktur

Allgemein bezeichnet der Begriff Unternehmensstruktur den Tatbestand, dass die sich in einer Unternehmung zusammenschließenden Individuen nicht willkürlich, sondern durch Regeln planmäßig und strukturiert miteinander interagieren (Büschges/Abraham 2004, S.131). Es gilt, Regeln und Prozeduren so zu etablieren, dass die Strategie der gemeinsamen Entscheidung unter Unsicherheit institutionalisiert wird und die Akteure diese formalen Regeln internalisieren (Kieser/Kubicek 1992, S.407).

Die Ursache für eine Unternehmensstruktur ist die Arbeitsteilung, die zur effizienten Zielerreichung notwendig ist (Büschges/Abraham 2004, S.131). Ein wesentliches Merkmal ist die Regulierung von Verhalten, welches zur Erwartungssicherheit beiträgt. Unternehmensstrukturen werden durch die in ihnen agierenden Mitglieder entweder planmäßig oder unintendiert geschaffen und bilden demnach formelle oder informelle Strukturen aus. Darunter fallen ebenso die Aufbau- und Ablauforganisation als auch architektonische Strukturen, welche die Verbindung zwischen Struktur und Dynamik herstellt.

Unternehmenskultur und Unternehmensstruktur bedingen sich gegenseitig, da das Ausbilden einer Kultur vom Vorhanden- oder Nichtvorhandensein von Strukturen abhängig ist. Aus den zuvor beschriebenen Einflussfaktoren zur

Unternehmenskultur lassen sich bestimmte Unternehmensstrukturen ableiten, auf welche im Folgenden näher eingegangen wird.
Bei Entscheidungen unter Unsicherheit bewegt sich die Gestaltung von Unternehmensstrukturen in einem Spannungsfeld zwischen der Effizienz bei der Wahrnehmung von Routineaufgaben des Tagesgeschäftes von heute und der Offenheit zur Neuausrichtung bei der Realisierung von Entscheidungen für die Geschäfte von morgen (Lühring 2003, S.120). Hierbei ist eine Unterteilung in mechanische und organische Unternehmensstrukturen sinnvoll, welche zwei idealtypische Organisationsformen bilden. Durkheim prägte die Begriffe der mechanischen und organisatorischen Solidarität (Durkheim 1988, S.128). Unter mechanischer Solidarität versteht Durkheim eine Form, die die Zusammensetzung von Elementen fester Körper beschreibt. Die einzelnen Mitglieder einer Gesellschaft sind sich sehr ähnlich und pflegen nur lose Formen von Interaktionen. Ihre Solidarität ist durch einen gemeinsamen Glauben, gemeinsame Ideen und Ideale geprägt. Im Zuge der Arbeitsteilung und der damit funktionalen Differenzierung von Arbeitsinhalten hat sich die organische Solidarität herausgebildet, welche durch wechselseitige Abhängigkeiten ihrer Mitglieder beschrieben wird und aufgrund seiner Unterschiedlichkeit und Interdependenzen wächst.
In mechanischen Strukturen ist die Bearbeitung von repetitiven, gleichbleibenden und leicht zerlegbaren Aufgaben vorrangig, die die Industriegesellschaft geprägt haben. Formalismus und ausgeprägte Hierarchien sind vorherrschend, das Spezialistentum wird gefördert, was sich folglich in stark formeller und vertikaler Kommunikation beobachten lässt. Mechanische Systeme neigen zur Inflexibilität, denn sie sind nur bedingt improvisationsfähig, reaktionsträge und beharrlich (Lühring 2003, S.120). Hierarchische Strukturen sind durch Weisungsprinzip, einseitige Abhängigkeitsverhältnisse, Befehlsempfänger und Informationslieferanten geprägt (Reihlen 1999, S.285). In Phasen der Vermarktung und Verwertung von Entscheidungen sind mechanische Unternehmensstrukturen sehr sinnvoll (Lühring 2003, S.120f), denn je größer die Zahl der Entscheidungsträger wird, desto mehr Transaktionen sind zwischen den Beteiligten für eine ausgehandelte Koordination erforderlich (Reihlen 1999, S.283). Zu den mechanischen Strukturen zählen Informationssysteme und Ablaufprozesse in Unternehmen. Besonders unter dem Aspekt der Vertrauenskultur ist ein Informationssystem für einen zeitnahen Informationsaustausch und eine flexible Prozesssteuerung notwendig (Hauschildt 1993, S.23; Vahs/Burmester 2005, S.50f). Erstere sollte allen zugänglich sein und letztere so wenig Administration wie möglich aufweisen.
Organische Systeme sind durch Evolutionsfähigkeit, also der ständigen Anpassung an dynamisch verändernde Umfeldbedingungen und der

Bearbeitung von Nicht-Routineaufgaben, geprägt. Die Adhocracy nach Mintzberg ist ein Beispiel für eine organische Struktur. In dieser Organisationsform existieren kaum konstante und starre Strukturen, vielmehr werden diese ständig neu auf die sich ändernden Anforderungen ausgerichtet. Die Möglichkeiten zur Standardisierung sind gering“ (Kieser 2002, S.195). Das widerspricht den koordinierenden Funktionen einer Unternehmensstruktur, die darauf ausgerichtet ist, Prozesse grundsätzlich zu standardisieren. Die Adhocracy bietet allerdings die Möglichkeit, sich an eine unsichere Entscheidungssituation anzupassen. Für eine anpassungsfähige Struktur sind demnach Dezentralisierung, flache Hierarchien, schlankes Management, wenig Personal in Stäben und die Einrichtung temporärer Teams charakteristisch (Kieser/Kubicek 1992, S.407; Küppers 1999, S.357). Folglich sind Unternehmen gut beraten, wenn sie beide Strukturformen vereinen, um sich einerseits Stabilität zur Orientierung (mechanische Strukturen) und anderseits Dynamik (organische Strukturen) zur Anpassung zu bewahren.

Netzwerkstrukturen
Charakteristisch für organische Systeme sind vernetzte Strukturen, die flach und dezentral organisiert sind, wodurch hauptsächlich horizontale und informelle Kommunikation vorherrschen (Küppers 1999, S.357). In diesen Systemen herrscht das Organisationsprinzip der Heterarchie vor und löst die Hierarchie ab. Die Unternehmensstruktur sollte so flexibel sein, dass sie in der Lage ist, sich den schnell ändernden Rahmenbedingungen anzupassen (Worley 2006, S.22). Daher sind Netzwerkstrukturen für eine Netzwerkkultur essentiell. Sie basieren auf der individuellen Organisation von Interessensgruppen innerhalb des Unternehmens (Worley 2006, S.21). Netzwerkstrukturen sind ein mögliches Instrument zur Gestaltung des sozialen Wandels in Unternehmen. Denn die Veränderung der Wahrnehmung von Unsicherheit und der daraus resultierende Bedarf an Regulierung führen zu einer Akzeptanz der Unsicherheit und stabilisieren den praktischen Umgang mit ihr (Küppers 1999, S.354). Es bleibt allerdings festzuhalten, dass „die Unsicherheit des Ungeregelten nie verschwindet. Sie kann durch Regeln nur in einem konkreten Fall und nur für eine gewisse Zeitspanne auf eine sozial akzeptierte Weise reduziert werden und so in einen Zustand relativer Sicherheit versetzt werden. Damit ist das Problem, soziale Kooperation zu regeln, auf Dauer gestellt“ (Küppers 1999, S.355). Der große Vorteil von Netzwerkstrukturen liegt darin, dass sie altes in neues Wissen und strukturelle Informationen in zweckmäßige Bedeutungen transformieren können (Küppers 1999, S.362).

Entscheidungsstrukturen

Demokratische Entscheidungsstrukturen, hierarchiefreie Abstimmungen zwischen gleichberechtigten und voneinander relativ unabhängigen Entscheidungsträgern sind entscheidende Faktoren bei Entscheidungen unter Unsicherheit. Hierbei handelt es sich um heterarchische Prinzipien, die Entscheidungen durch Konsens fällen und durch intelligente Einzellösungen in einem kooperativen Wettbewerb zustandekommen, in dem es um die Besetzung temporärer Positionen geht (Reihlen 1999, S.282).

Die Transparenz von Entscheidungen muss gewährleistet werden, weil dies zum Einen Orientierung darüber bietet, wie entschieden wird und zum Anderen den nötigen schnellen Informationsaustausch auf der sachlichen Dimension sicherstellt. Dies erfolgt durch das Verhandlungsprinzip und die Autonomie von Entscheidungsträgern. Das Verhandlungsprinzip sorgt für den nötigen Austausch und die Autonomie der Entscheidungsträger für schnelle, zielgerichtete Informationen. Unterstützend wirkt hierbei ein, wie bereits bei den mechanischen Strukturen erwähntes Informationssystem, welches die Zugänglichkeit von Informationen gewährleistet, laufende Randbedingungen aktualisiert und durch ein grundsätzlich offenes Kommunikations- und partizipatives Entscheidungssystem geprägt ist (Reihlen 1999, S.283; Worley 2006, S.22).

Für die Praxis ist es entscheidend, die Vorteile beider – der mechanischen und organischen Struktur – für den Umgang mit Unsicherheit zu nutzen. Mitarbeiterstarke Unternehmen machen ein rein heterarchisches System organisational entscheidungsunfähig (Reihlen 1999, S.283). Damit ein System sich selbst regeln kann, muss es heterarchisch organisiert sein und temporäre Hierarchien zulassen. Grundsätzlich gilt in Heterarchien, dass Führungsfunktionen durch aus der Organisation hervorgegangene „Experten" übernommen werden müssen, weil diese aufgrund ihres Wissens eine fachliche Reputation erworben haben, die sie zu gesuchten Fachleuten für die Lösung bestimmter Probleme machen (Reihlen 1999, S.283-284). Damit ist die Macht der Führenden kontrolliert, beschränkt und polykratisch organisiert – denn die Demokratie ist ein System, in dem sich niemand selbst auswählen kann, niemand sich die Macht zum Regieren selbst verleihen kann und sich deshalb niemand unbedingte und unbeschränkte Macht anmaßen kann (Sartori 1992, S.210). Bei innovativen Problemen bilden Heterarchien unterschiedliche, fluktuierende Hierarchien mit überlappender Mitgliedschaft aus, die Entscheidungskompetenzen an jene Personen bzw. Gruppen übertragen, die über das notwendige Problemwissen verfügen (Reihlen 1999, S.284). Die Heterarchie kann damit eine einmalige Anzahl an internen und externen Verbindungen flexibel schaffen, um ein spezifisches Problem zu lösen. Im Gegensatz dazu bildet die Hierarchie ein starres Beziehungsgefüge aus, durch das alle Probleme, ungeachtet des in der Organisation verteilten Wissens, verarbeitet werden und dadurch oft Doppelarbeit entsteht. Die heterarchische Organisationslogik verfolgt demnach das Ziel, Führungsstrukturen ständig an dem in der Organisation verfügbaren Problemlösungswissen auszurichten (Rekonfiguration von Führungsstrukturen). Hierbei besteht ein Spannungsfeld zwischen Autonomie und Integration. Einerseits wird Autonomie durch Gestaltungs- und Entwicklungsfreiräume, Definition eigener Ziele, Handlung nach eigenen Wertvorstellungen und Überzeugungen und Verfolgung eigener Interessen gefördert. Anderseits sorgen Integration durch Kultivierung kollektiver Überzeugungen sowie Werte und Normen, gemeinsame Entwicklung grober Handlungsziele, gemeinsame Identität und emotionale Verpflichtung des Einzelnen gegenüber der Gemeinschaft für die notwendige Integration (Reihlen 1999, S.285).

Personalstrukturen

Bei Entscheidungen unter Unsicherheit spielen Personalbeurteilungssysteme und Beförderungsregeln eine wichtige Rolle (Kieser/Kubicek 1992, S.407), weil es einen signifikanten Zusammenhang zwischen Verhalten und Belohnungen gibt: „Je häufiger die Aktivität einer Person belohnt wird, mit um so größerer Wahrscheinlichkeit wird diese Person die Aktivität ausführen" (Homans 1972, S.62). Ausschlaggebend ist neben der Häufigkeit der Belohnungen auch die Regelmäßigkeit, mit der eine Verhaltensweise belohnt wird. Erfolgt die Belohnung in regelmäßigen Zeitabständen, so ist die Tendenz, die Aktivität zu wiederholen, schwächer, als wenn die Belohnung in unregelmäßigen Zeitintervallen erfolgt. Wichtig ist hierbei also die relative Häufigkeit im Verhältnis zu Alternativen. Gewünschte Aktivitäten werden von Akteuren ausgeführt, wenn sie dafür belohnt werden. Damit dieses Verhalten regelmäßig wiederholt wird, ist eine unregelmäßige Wiederholung der Belohnung entscheidend. Die Erfolgshypothese impliziert, dass jene Verhaltensweisen erlernt werden und daher auch veränderbar sind. Ähnlich beschreibt Homans seine Werthypothese: „Je wertvoller die Belohnung einer Aktivität für eine Person ist, desto eher wird sie die Aktivität ausführen" (Homans 1972, S.64). Die Wahrscheinlichkeit einer Handlung hängt neben dem Belohnungswert auch von der Wahrscheinlichkeit des Handlungserfolges ab. Die Hypothese muss relativ formuliert werden, da Individuen immer aus mehreren Möglichkeiten wählen können, die mit unterschiedlichen Nutzen und Kosten verbunden sind. Der Nettowert einer Belohnung errechnet sich aus der Belohnung abzüglich der Kosten. Eine einmal bereits begonnene

Tätigkeit beeinflusst die Nettobelohnungswerte aller anderen zur Auswahl stehenden Aktivitäten. Ergänzend ist festzuhalten, dass der Belohnungswert einer Belohnungseinheit nicht konstant, sondern selbst eine Variable ist. Wie wertvoll eine bestimmte Belohnung für eine Person ist, wird nämlich u. a. davon abhängen, wie lange die Person die betreffende oder eine ähnliche Belohnungsart bereits entbehren musste. Im sozialen Verhalten sind die Belohnungen und Bestrafungen keine natürlichen Objekte, sondern die Handlungen anderer Menschen. Mit Hilfe dieser psychologischen Hypothesen können durchaus Aussagen über das wahrscheinliche Verhalten von Akteuren gemacht werden (Homans 1972, S.117), da zu erwarten ist, dass Menschen mit ähnlichen Erfahrungen sich in ähnlichen Situationen ähnlich verhalten werden. Mit Hilfe der Hypothesen können alle grundlegenden sozialen Phänomene, wie z.B. Konformität, Kooperation und damit auch Entscheidungen unter Unsicherheit erklärt werden (Homans 1968). Diese Erkenntnisse sind wichtig für die Inhalte eines Anreiz- und Beurteilungssystems in Unternehmen und finden deshalb in dieser Dissertation auch Berücksichtigung. Für kooperatives Verhalten sollten unmittelbare Konsequenzen des Handelns bzw. Entscheidens erfolgen. Damit sind sowohl Belohnungen und individuelle Verantwortlichkeiten als auch Sanktionierungsmechanismen gemeint (Brettschneider 2000, S.33).
Die arbeitsrechtliche Grundlage einer Zusammenarbeit im Bereich „Entscheidungen unter Unsicherheit" muss das Bestehen einer langfristigen Kooperationsbeziehung (Brettschneider 2000, S.33) und die Erwartung einer grundsätzlichen Veränderungsbereitschaft sein (Worley 2006, S.19). Lediglich dann lassen sich Akteure auf die Unsicherheit ein und sehen nicht nur den kurzfristigen Nutzen einer Entscheidung.
Faire Anreiz- und Entlohnungssysteme dienen der Bereitschaft, Risiken auf sich zu nehmen, und damit der Bereitschaft Entscheidungen unter Unsicherheit zu treffen (Harland 2002, S.75; Lühring 2003, S.153; Corsten/Gössinger/Schneider, 2006, S.88). Grundsätzlich wird zwischen materiellen, immateriellen und sozialen Anreizen unterschieden. Die sozialen Anreize entziehen sich der Beeinflussung durch die Unternehmung weitgehend, da sie in den täglichen Interaktionen zwischen den Individuen befriedigt werden (Corsten/Gössinger/Schneider 2006, S.89) und Führungsaufgabe sind. Die materiellen (extrinsischen) und immateriellen (intrinsischen) Anreize können durch die Unternehmung gezielt gestaltet werden. Bei extrinsischer Motivation ist die Arbeit selbst ein Instrument, auf dem Umweg über die Entlohnung eine Bedürfnisbefriedigung zu erreichen, d.h. sie dient der instrumentellen Bedürfnisbefriedigung und ist auf eine durch Dritte gewährte Belohnung gerichtet (Corsten/Gössinger/Schneider 2006, S.89). Demgegenüber stellt bei der intrinsischen Motivation die Aktivität oder

deren Ziel die unmittelbare Bedürfnisbefriedigung dar, wobei zwischen Freude an der Arbeit (Aktivität selbst ruft Befriedigung hervor), Einhalten von Normen um ihrer selbst willen (z.B. ethische Normen, denen sich eine Person verpflichtet fühlt, Fairness, Teamgeist) und dem Erreichen selbst gesetzter Ziele unterschieden werden kann (Frey/Osterloh 2000, S.24ff).
In der Literatur besteht keine Einigkeit über das beste Anreizsystem. Zum Einen scheinen gezielte Anreizsysteme (Lühring 2003, S.131) durch Boni, Aktien, persönlich-orientierte Bezahlung oder Gruppenbonus (Worley 2006, S.20) sinnvolle Sanktionsmechanismen zu sein. Zum Anderen befürworten weitere Autoren die Balance zwischen monetärer Vergütung und nicht-monetärer Wertschätzung der Arbeit, z.B. durch Verleihung von Awards für Innovationen oder Entscheidungen für Innovationen (Jaworski 2007, S.155/159). Die höchste Form der Anerkennung ist schließlich die Anerkennung (Jaworski 2007, S.154). Damit ist gemeint, dass es keiner weiteren Anreizform bedarf als einem „Dankeschön".
Ein erfolgreiches Anreizsystem ist der Cafeteria-Ansatz, in dem sich der Mitarbeiter ähnlich wie in einer Cafeteria seine „Belohnung" nach seinen Bedürfnissen aussuchen kann. Dieser ist abhängig vom Informationsaustausch zwischen Unternehmung und Mitarbeiter, da hier Kenntnisse über die Präferenzstrukturen der Mitarbeiter (z.B. über Mitarbeiterbefragungen) (Corsten/Gössinger/Schneider 2006, S.93) vorliegen müssen. Unabhängig davon sollte ein Anreizsystem transparent, folglich für alle Beteiligten nachvollziehbar sein. Dabei bezieht sich die Transparenz auf die Beziehung zwischen Anreiz und Leistung und auf das gesamte Anreizsystem und zwar sowohl hinsichtlich der gewählten Anreize als auch der damit verbundenen Leistungskriterien. (Corsten/Gössinger/Schneider 2006, S.93).

Die gezielte Aus- und Weiterbildung von Mitarbeitern bildet einen weiteren Einflussfaktor, da qualifizierte und informierte Mitarbeiter ein wertvoller Produktionsfaktor sind. Deshalb ist es wichtig, in diesen Bereich zu investieren, um zur ständigen Erweiterung des Wissens und zur langfristigen Sicherstellung der Kompetenzen im Unternehmen beizutragen (Lühring 2003, S.131; Vahs/Burmester 2005, S.361ff).
Die Kultur der Offenheit kann auch durch die Architektur eines Unternehmens bestimmt werden, beispielsweise durch offene Türen und Räumlichkeiten, die die Möglichkeit zu spontanen Treffen bieten. Allerdings ist die architektonische Struktur für eine Kultur der Offenheit nicht ausreichend, da die Nutzung solcher Möglichkeiten zusätzlich von der Akzeptanz durch die Führungskraft abhängig ist (Gigerenzer 2007, S.88; Jaworski 2007, S.157).

Ebenso wie die kulturellen Merkmale können auch die strukturellen Merkmale eines Unternehmens über einzelne Items im Rahmen eines Fragebogens erfasst werden.

3.2.3 Informations- und Kommunikationsverhalten in der Gruppe

„Für eine Entscheidung ist es notwendig, dass alle Gruppenmitglieder über alle relevanten Informationen verfügen. (...) Die Informationen dürfen dem Entscheidungsträger nicht vorenthalten und sie dürfen nicht verfälscht werden" (Sader 1996, S.227). Allerdings führt zu viel Information zur Entscheidungsunfähigkeit (Sader 1996, S.228). Diese Zitate tragen der sachlichen Dimension von Entscheidungen Rechnung, in der der Austausch über das „was" und die Kommunikation das „wie" von ständig neuen Informationen wichtige Einflussfaktoren auf Entscheidungen unter Unsicherheit darstellen.

Informations- und Kommunikationsprozesse, die einer Entscheidung zu Grunde liegen, tragen zum Verständnis der Entscheidungsfindung in Gruppen bei (Brettschneider 2000, S.15).

Grundsätzlich gilt, dass nach der Wert-Erwartungstheorie das gezeigte Verhalten von Akteuren abhängig von den zu erwarteten Konsequenzen ist (Feldmann 2000, S.66). Akteure vergleichen ihre Kosten und ihren Nutzen mit den Profiten anderer Interaktionsteilnehmer und halten nur Beziehungen aufrecht, wenn ihr persönlicher Kosten-Nutzen-Vergleich positiv ist. „Der Wert dessen, was ein Mitglied einer Gruppe von anderen Mitgliedern erhält, soll sich proportional zu seinen Investitionen verhalten" (Homans 1968, S.199). Bezogen auf Entscheidungen unter Unsicherheit ist durch die Orientierung am Verhalten anderer ein bewusstes Wahrnehmen des Gruppenprozesses wichtig. Gruppenmitglieder müssen das Gefühl haben, dass dasjenige, was sie in eine Gruppe an Wertschätzung, Vertrauen und Leistung einbringen, im Gleichgewicht zu demjenigen steht, was sie von der Gruppe zurückbekommen. Daraus folgt gleichzeitig eine Reflexion der eigenen Erwartungen an die Gruppe, aber auch der eigenen gezeigten Verhaltensweisen. Wenn beispielsweise ein Gruppenmitglied Kooperation von der Gruppe erwartet, muss es zunächst sein eigenes Verhalten auf Kooperation hin reflektieren.

Nachfolgend wird zunächst auf die Einflussfaktoren zum Informationsverhalten, den Umgang mit Informationen auf der sachlichen Dimension, und sodann auf das Kommunikationsverhalten, die soziale Dimension, eingegangen.

Informationsverhalten
Schneller, direkter Informationsaustausch und offene Absprachen sind bei Entscheidungen unter Unsicherheit wichtig, da sich Informationen mit der Zeit schnell ändern und damit auch Auswirkung auf die Ausprägung bestimmter Entscheidungsparameter haben. Dies gewährleisten dezentralisierte Netzstrukturen in Gruppen besonders gut, wobei im Laufe der Bewältigung komplexer Sachverhalte oft zur Sternstruktur und damit zu einer zentralisierten Struktur zurückgekehrt wird (Brettschneider 2000, S.57; Harland 2002, S.75; Lühring 2003, S.153; Hofinger 2005, S.11).
Neben der Aktualität von Informationen spielt allerdings auch der angemessene Detaillierungsgrad von Informationen eine wichtige Rolle (Hofinger 2005, S.11). Ist eine allgemeine Aussage ausreichend oder sind genauere Informationen für die Gruppe relevant? Oder ist die Information ganz gezielt für einige Gruppenmitglieder von Bedeutung? Entscheidend ist hierbei eine kundenorientierte Weitergabe von Informationen (Vahs/Burmester 2005, S. 365; Worley 2006, S.22). Die Gruppe ermöglicht die Nutzung möglichst unterschiedlicher Informationsquellen und trägt damit zu einer fundierten Entscheidungsfindung bei (Fischer 2001, S.26).

Kommunikationsverhalten
Eine gemeinsame Verstehensgrundlage oder auch „shared understanding" genannt, bildet die Grundlage für eine effektive Kommunikation in Gruppen. Um zu einer gemeinsamen Verstehensgrundlage zu gelangen, bedarf es aber auch einer gemeinsamen Interpretation von Informationen und den Willen jedes Gruppenmitglieds, den Anderen wirklich verstehen zu wollen. Dies gelingt besonders gut mittels Visualisierung von Zusammenhängen und Darstellung des Gesagten in Bildern. Dabei kann es beispielsweise neben der Visualisierung hilfreich sein, mit eigenen Worten das Gesagte wiederzugeben. Aufmerksames, aktives und reflexives Zuhören ist dabei unerlässlich und bildet die Voraussetzung für eine gemeinsame Verstehensgrundlage (Auer-Rizzi 1998, S.278ff; Lühring 2003, S.148).

Eine konstruktive Kommunikationskultur bildet einen weiteren Erfolgsfaktor. Darunter wird eine aktive Beteiligung am Gruppenprozess, eine kritische Haltung gegenüber der Gruppenmeinung sowie das Einfordern und Geben von Feedback verstanden. Hierbei gilt es den Problembezug herzustellen und konstruktiv zu argumentieren (Fischer 2001, S.26).
In der Gruppe ist jeder Akteur aufgefordert, abweichende Meinungen und Kritik während des Entscheidungsprozesses zu äußern. Denn Entscheidungsprozesse in Gruppen können durch Konformität die Urteilsbildung und damit die Entscheidung von Akteuren beeinflussen. Dabei

bedeutet Konformität allgemein die „Befolgung oder Übernahme der Normen, Gewohnheiten, Verhaltensmuster, Meinungen usw. einer Gruppe durch deren Mitglieder. Je nach Art und Stärke des sozialen Einflusses, der auf die Konformität hinwirkt, kann die Konformität von einer oberflächlichen oder gar widerwilligen Anpassung an die betreffenden Normen bis hin zur freiwilligen Bejahung oder Verinnerlichung reichen" (Fuchs-Heinritz 2007, S.353). Der soziale Druck der Gruppe führt zu einer Denk- und Verhaltensänderung von Individuen, die konform zu den Normen der Gruppe sind. In der Regel ist die Konformitätsbereitschaft des Einzelnen umso größer, je schwieriger die Problemsituation ist, also gerade bei Entscheidungen unter Unsicherheit. Daraus folgt, dass gerade hier die Rolle eines neutralen Moderators förderlich ist, der Konformitätsbildung in Gruppen entgegenzuwirken. Neuere Untersuchungen zeigen, dass die Beeinflussungsmöglichkeiten bei Wissensfragen in der Regel am Größten und bei Einstellungsfragen am Geringsten sind (Helfrich 1996, S.75f.). Gerade bei der beschriebenen Entscheidungssituation ergibt sich die Unsicherheit aus einem Wissensdefizit. Allerdings sind Konformitätsprozesse differenziert zu betrachten, da Gruppen ohne Normen und ohne den Druck, dass diese Normen eingehalten werden, grundsätzlich nicht existieren können. Ferner ist eine individuelle Orientierung an den Werten einer Bezugsgruppe nicht unüblich. Problematisch ist es, wenn dieser Gruppendruck bestimmte Grenzen übersteigt und Meinungsbildungsprozesse entgegen dem eigenen Willen verlaufen (Brettschneider 2000, S.58). Folglich ist der Umgang jedes Einzelnen mit Konformität in der Gruppe wichtig. Aus diesem Sachverhalt ergeben sich besondere Rollenverteilungen, die im Kapitel 3.2.5 „Gruppenzusammensetzung" behandelt werden.

Zu einer konstruktiven Kommunikationskultur zählen allerdings auch Feedbackprozesse, denn die Basis erfolgreicher Entscheidungsprozesse besteht im Geben und Einfordern von konstruktivem Feedback. Dadurch wird die Interaktionskompetenz jedes Einzelnen in der Gruppe verbessert (Pelikan 2004, S.149; Hofinger 2005, S.22), weil Lernprozesse angeregt werden.

Fragen zu stellen trägt zusätzlich zu einer konstruktiven Kommunikationskultur bei. In Gruppendiskussionen kann ein erhebliches Reflexionsniveau erreicht werden, indem angemessen zwischen Wissens- und Analysefragen gewechselt wird. Interaktionen auf der Lenkungsebene beinhalten Beiträge, die den Diskussionsprozess auf eine Zielsetzung ausrichten und verfahrenssteuernde Beiträge, die auf den Ablauf der Interaktion gerichtet sind. In analytischer Hinsicht werden folgende Ebenen unterschieden (Brettschneider 2000, S.101): die Lenkungs- und Beziehungsebene.

Auf der Lenkungsebene wird mit Informationsfragen (inhaltliche Lenkung) gearbeitet. Das bedeutet, dass die Diskussion gelenkt wird, indem ein Gruppenmitglied über bestimmte Sachverhalte einfach informiert werden möchte. Fragen mit Feststellung (inhaltliche Lenkung) entsprechen Interakte, die einen Appell beinhalten, sich mit einem bestimmten inhaltlichen Aspekt zu beschäftigen. Fragen zum Verfahren (prozedurale Lenkung) betreffen Äußerungen, die die Aufmerksamkeit auf die Vorgehensweise während der Diskussion lenken und beinhalten den Wunsch, sich mit der Vorgehensweise in der Diskussion zu beschäftigen, um sich untereinander abzustimmen und den Ablauf des Gesprächs zu regeln. Vorschläge zum Verfahren greifen direkt in den Entscheidungsprozess ein. Sie enthalten Lösungsmöglichkeiten und bieten Ansatzpunkte zur expliziten Lenkung des Verlaufs einer Diskussion in inhaltlicher und prozeduraler Hinsicht.
Auf der Beziehungsebene sind folgende Mechanismen zur Kommunikation hervorzuheben (Brettschneider 2000, S.102). Die Zustimmung zu Inhalten fördert die inhaltliche Diskussion und wirkt sich in der Regel positiv auf das Gruppenklima aus. Die Ablehnung von Inhalten bewirkt eine indirekte Förderung des Gruppenklimas, ohne die Gruppenmitglieder direkt anzusprechen. Das Äußern angenehmer Gefühle fördert indirekt das Gruppenklima, ohne die Gruppenmitglieder direkt anzusprechen. Im Gegensatz dazu übt die Äußerung unangenehmer Gefühle einen indirekten negativen Einfluss auf das Gruppenklima aus. Die positive Bewertung von Personen oder Handlungen bezieht sich auf andere Gruppenmitglieder als Verursacher eines als angenehm empfundenen Gruppenklimas und die negative Bewertung von Personen oder Handlungen bezieht sich auf andere Gruppenmitglieder als Verursacher eines als unangenehm empfundenen Gruppenklimas. Die Schwierigkeit in der Kommunikation der Gruppe liegt darin, dass oft nur die positiven Inhalte, Gefühle und Bewertungen verbalisiert und die negativen mit Schweigen hingenommen werden. Bedeutend bei Entscheidungen unter Unsicherheit ist allerdings die Verwendung des gesamten Repertoires, welches enormes Vertrauen in der Gruppe, aber auch im Unternehmen voraussetzt. Konsequenterweise müssen die Führungskraft und der Moderator Kompetenzen mitbringen, die diesen Anforderungen gerecht werden. Dieses Thema wird gesondert im Kapitel 3.3.1 „Kompetenzen“ behandelt.
Kooperatives Kommunikationsverhalten von Gruppen entsteht häufig erst durch regelmäßige Treffen und einer grundsätzlich kooperativen Grundeinstellung (Axelrod 2000, S.117-120). Dabei gilt es, in Gruppen zunächst eine Art Vorleistung im Rahmen von Vertrauen und Kooperation zu erbringen. Erst wenn von anderen Gruppenmitgliedern keine Unterstützung entgegengebracht wird, sollte man sich selbst auch unkooperativ verhalten,

dieses Verhalten jedoch nicht über die Zeit anhalten, sondern nach einer unkooperativen Interaktion wieder zur Kooperation übergehen (Axelrod 2000, S.20). Es ist nur notwendig, den langfristigen Anreiz zur wechselseitigen Kooperation in der Gruppe größer zu gestalten als den kurzfristigen zur Nicht-Kooperation (Axelrod 2000, S.117-120). Kooperatives Verhalten zeichnet sich besonders durch ein verantwortungsbewusstes Miteinander und damit durch wechselseitige Unterstützung aus (Axelrod 2000, S.121-122).
Eine Protokollierung des Gesagten fördert die gemeinsame Verstehensgrundlage und gibt den Akteuren Orientierung und Klarheit für ihre Handlungen. Dadurch wird eine Präzisierung von kommunizierten Aussagen eingefordert und schriftlich für alle transparent festgehalten (Hofinger 2005, S.13).

Eine offene und vertrauensvolle Gruppenstruktur ist für Entscheidungen unter Unsicherheit wichtig (Hofinger 2005, S.11), denn nur in einer Atmosphäre der Sicherheit werden Gruppenmitglieder neue Verhaltensweisen erproben. Diese wird erreicht, wenn in der Gruppe eine mittlere Kohärenz vorherrscht, da dann die Gruppenleistung, aber auch der Zusammenhalt der Gruppe im ausgeglichenen Verhältnis steht. Bei geringer Kohärenz brauchen die Gruppenmitglieder viel Zeit und Energie für die aufgabenorientierte Gestaltung des Gruppenprozesses und bei hoher Kohärenz kann die Leistung wieder absinken, wenn z.B. ein Privatgespräch wichtiger wird, als die Bearbeitung der Aufgabe (Brettschneider 2000, S.61).
Gruppen, die neu zusammengesetzt werden, entwickeln in der Regel bereits im Verlauf erster Sitzungen Interaktionsstrukturen, die anschließend nur schwer zu beeinflussen oder zu verändern sind, da jene Verhaltensmuster konsistent über Besprechungen hinaus immer wieder gezeigt werden. „Die Interaktionsstruktur bildet sich auf der Basis von Statusunterschieden zwischen den Mitgliedern heraus, d.h. Gruppenaufgaben aktivieren bei den Gruppenmitgliedern Erwartungen hinsichtlich der Kompetenz und Inkompetenz der anderen. Faktoren, die die Interaktionsstruktur beeinflussen, sind beispielsweise die Anzahl der Beiträge, die den Interaktionsprozess positiv beeinflussen, die individuellen Möglichkeiten, eigene Beiträge in eine Entscheidung eingehen zu lassen sowie die Anerkennung und Achtung der jeweiligen sozialen Identität" (Brettschneider 2000, S.56). Kommunikationsprozesse in Gruppen, in denen komplexe Aufgabenstellungen zu bearbeiten sind, sind effektiv, wenn es den Interaktionsteilnehmern gelingt, ihre Redebeiträge zielgerichtet zu koordinieren. Dabei ist zum Einen die Effektivität, folglich die richtigen Redebeiträge, als auch zum Anderen die Effizienz, die Redebeiträge richtig zu kommunizieren, erforderlich. In der Praxis sind hierbei die richtigen

Argumente ihre Schlussfolgerungen zu koordinieren und die Bestätigung der Gruppe einzuholen, ob diese Informationen verstanden worden sind (Brettschneider 2000, S.57).
In dem beschriebenen Kapitel zum Informations- und Kommunikationsverhalten von Gruppen wird bereits deutlich, dass das Verhalten der Führungskraft vor besonderen Herausforderungen steht.
Die empirische Erfassung des Informations- und Kommunikationsverhaltens stellt aus mehreren Gründen eine große Herausforderung dar. Für eine umfassende Analyse sind Videoaufzeichnungen am Besten geeignet, in der Praxis jedoch aufgrund rechtlicher Bestimmungen zum Schutz der Privatsphäre selten durchsetzbar. Beobachtungen durch Forscher können nicht alle Elemente exakt erfassen und bei Befragungen ist das Phänomen der subjektiven Erwünschtheit nicht kontrollierbar. Das sichtbare Informations- und Kommunikationsverhalten ist zudem nur die Spitze des Eisberges. Motive und frühere Erfahrungen von Akteuren, die ein bestimmtes Verhalten zeigen bleiben verborgen. Diese Argumente sollen zeigen, wie komplex das tatsächliche Erfassen menschlichen Verhaltens ist, aber dennoch Mut machen, eine Methode zu finden, um die Forschung zu verbessern.

3.2.4 Führungsverhalten in der Gruppe

Unter Führung ist die weitgehende Verhaltenslenkung Anderer durch Macht und Einfluss zu verstehen (Fuchs-Heinritz 2007, S.213).
Führung hat einen entscheidenden Einfluss auf die Interaktion in Gruppen, da sie soziale Komplexität durch strukturierte Interaktionsprozesse und zielgerichtete Kommunikation reduziert (Brettschneider 2000, S.55). Aus den vorangegangenen Kapiteln ist deutlich geworden, dass Gruppen, die Entscheidungen unter Unsicherheit zu treffen haben, eine Führungskraft brauchen, die die Gruppe einerseits erfolgreich durch den Entscheidungsprozess leitet und andererseits die mit der Unsicherheit verbundenen gruppendynamischen Prozesse ausreichend wahrnehmen und damit umgehen kann.
In der Sozialpsychologie werden drei Führungsstile unterschieden, die auf Kurt Lewin zurückgehen: der autoritäre Stil, der sozial-integrative Stil und der laissez-faire Stil. Der autoritäre Führungsstil fokussiert die zu erfüllende Aufgabe besonders stark und leitet die Gruppe bei der Ausführung der Aufgaben (Schimank 2007, S.222-223). Dabei stellt die autoritäre Führungskraft die Motivation der Gruppe durch Nachvollziehbarkeit der Leistung jedes Einzelnen und der daraus folgenden Kontrolle sicher (Harland 2002, S.84ff). Der sozial-integrative Führungsstil legt Wert auf harmonische und demokratisch soziale Beziehungen, schützt Schwächere und geht auf die

Bedürfnisse und Ideen der Gruppe ein. Dieser Stil ist weniger erfolgreich bei der Leitung wichtiger Gruppenaufgaben (Schimank 2007, S.222-223). Durch die Konzentration auf die sozialen Abhängigkeiten in der Gruppe schafft es die sozial-integrative Führungskraft, eine hohe Zielidentifikation herzustellen (Harland 2002, S.84ff). Zusätzlich ist dieser Führungsstil von gegenseitiger Sympathie und Respekt geprägt, denn „je geringer die Sympathie, desto geringer ist die Interaktion" (Homans 1968, S.154). Es sind, wie bereits im beschriebenen Kapitel 3.2.2 zu Anreizsystemen, besonders die sozialen Anreize, die eine Führungskraft bei Entscheidungen unter Unsicherheit erfüllen muss. Hierbei sind die Bedürfnisse und die Wertschätzung der Gruppenmitglieder bedeutsam. Um auf die Bedürfnisse der Gruppe eingehen zu können, berücksichtigt die sozial-integrative Führungskraft die verschiedenen Persönlichkeitstypen in ihrer Gruppe (Harland 2002, S.84ff).

Der laissez-faire Führungsstil überlässt die Gruppe in ihrer Selbstverantwortung und nimmt kaum bis gar keine Führungsaufgaben war. Jeder in der Gruppe kann tun, was ihm beliebt.

Die drei Führungsstile haben verschiedene Auswirkungen auf das Gruppenverhalten und die Erreichung von Gruppenzielen, wie folgende Tabelle zusammenfasst. Dabei sind die positiven Auswirkungen der jeweiligen Führungsstile fett hervorgehoben.

Gruppen-prozess	Verhalten	Autoritärer Stil	Sozial-integrativer Stil	Laissez-Faire Stil
Entscheidungen	Führungs-verhalten	vorgegeben	demokratisch abgestimmt	freie Wahl
	Gruppen-verhalten	**größere Leistungs-quantität**, jedoch geringere Qualität	geringere Leistungs-quantität, aber **höhere Qualität**	geringe Leistungsqualit ät und -quantität
Aufgaben-verteilung	Führungs-verhalten	zugewiesen	**frei**	keine
	Gruppen-verhalten	Arbeits- und Gruppenmoral gering	**Arbeits- und Gruppenmoral hoch**	Unzufriedenheit und geringe Arbeits- und Gruppenmoral
Bildung von Arbeitsgruppen	Führungs-verhalten	vorgegeben	freie Wahl	freie Wahl
	Gruppen-verhalten	häufig aggressives Verhalten	**wenig aggressives Verhalten**	**wenig aggressives Verhalten**
Annerkennung / Sanktionen	Führungs-verhalten	nach persönlicher Willkür	objektiv sachlich	nur auf Nachfrage
	Gruppen-verhalten	Arbeitsmotivation ohne Leiter gering	**Arbeits-motivation ohne Leiter gut**	durch Frustration entstehen Spannungen und Aggressionen
Beteiligung an der Gruppen-aufgabe	Führungs-verhalten	nicht aktiv beteiligt	ist aktiv beteiligt	beteiligt sich nicht
	Gruppen-verhalten	Desinteresse / Fluchttendenzen	**Interesse und Bereitschaft**	Rivalität und Cliquenbildung

Tabelle 1: Führungs- und Gruppenverhalten nach den Führungsstilen von Lewin – eigene Darstellung

Der empfohlene Führungsstil bei Entscheidungen unter Unsicherheit scheint der sozial-integrative zu sein, da dieser sowohl den instrumentellen, aufgabenbezogenen als auch den expressiven, emotionalen Führungsstil integriert. Ein bekanntes Beispiel für diesen Führungsstil bilden die Zitate des ehemaligen Bundeskanzlers Helmut Schmidt: „Jede Entscheidung habe ich erst nach sorgfältiger Diskussion getroffen. Es gab allerdings auch Entscheidungen, die für mich so eindeutig waren, dass es keiner Diskussion bedurfte. (…) Ich habe Widerspruch immer sehr geschätzt, solange er begründet war“ (Schmidt 2008, S.54). Er ergänzte seinen sozial-integrativen um den situativen Führungsstil; um in bestimmten Situationen autoritär entscheiden zu können.

In einer Entscheidungssituation, die durch Komplexität, Intransparenz, Vernetztheit und Dynamik geprägt ist, wäre der eine richtige Stil eine Gruppe zu führen, fatal. So wie sich die Entscheidungssituation verändert, muss sich auch das Führungsverhalten situativ anpassen, wie das Zitat von Helmut Schmidt zeigt. Der situative Führungsstil ist durch Hersey und Blanchard bekannt geworden und wird den Anforderungen an Entscheidungen unter Unsicherheit gerecht. Dabei unterscheiden die Autoren zwischen Aufgaben- und Mitarbeiterorientierung. Diese beiden Ausprägungen ergeben in der Summe vier Führungsstile: telling, selling, participating and delegating (Johnson 2009, S.198-199). Das bedeutet je nach Einschätzung der Aufgaben- bzw. Mitarbeiterorientierung, situativ zu führen. Hersey und Blanchard legen sich auf keine inhaltliche Erfolgsdefinition fest. Unabhängig davon, welche Ziele verfolgt werden, ist diejenige Führungskraft effektiv, die ihre Ziele schnell und gut erreicht. Daneben spielt der Reifegrad der Mitarbeiter bei der Auswahl des Führungsverhaltens eine wichtige Rolle. Unter Reifegrad sind die Fähigkeiten und Kompetenzen eines Mitarbeiters zu verstehen.

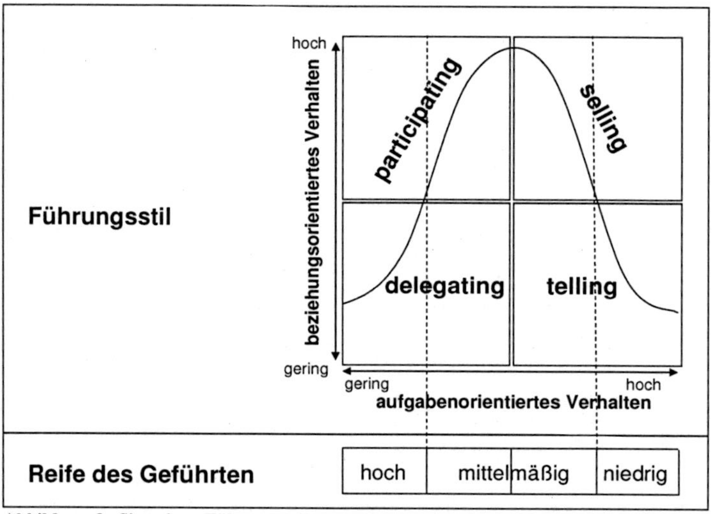

Abbildung 9: Situativer Führungsstil nach Hersey und Blanchard (1977 in Anlehnung an Neuberger 1990, S.194) – eigene Darstellung

„Telling“ wird von der Führungskraft angewendet, wenn der Aufgabenwert hoch und der Beziehungswert niedrig ist. Es handelt sich hierbei um eine „Einweg-Kommunikation“, das heißt, die Führungskraft definiert die Rollen der Gruppenmitglieder und gibt Anordnung wie, wann und wo die Aufgabe zu erledigen ist. Auf eine Rückmeldung seitens des Mitarbeiters wird verzichtet. Dieser Führungsstil ist häufig bei einer niedrigen Reife der Mitarbeiter anzuwenden bzw. in Situationen, in denen schnelles Handeln erforderlich (sogenannte Feuerwehr-Aktionen).

Beim „Selling" sind Aufgaben- und Beziehungswert hoch. Das bedeutet eine klare Ausrichtung der Rollenverantwortlichkeiten in einer Gruppe, die durch die „Zweiwegkommunikation" unterstützt wird. Bei diesem Führungsstil ist es wichtig, in einen Dialog zwischen Gruppe und Führungskraft zu treten. Denn nur dann werden die Gruppenmitglieder die zu treffenden Entscheidungen akzeptieren und unterstützen. Voraussetzung für diesen Führungsstil ist eine mittelmäßige Reife der geführten Mitarbeiter.

„Participating" wird von der Führungskraft angewendet, wenn der Beziehungswert hoch, der Aufgabenwert niedrig ist und die Mitarbeiter - wie beim Selling - über eine mittlere Reife verfügen. Bei diesem Führungsstil besitzen die Gruppenmitglieder die notwendigen Fähigkeiten und Kenntnisse, eine Aufgabe zu lösen. Eine Kommunikation in beide Richtungen (von der Führungskraft an die Gruppe und umgekehrt) sorgt dafür, dass eine Entscheidung bei diesem Führungsstil von allen geteilt wird.

Beim „Delegating" ist die Situation durch eine niedrige Aufgaben- und Beziehungsorientierung geprägt. Dieser Führungsstil setzt eine hohe Reife der Gruppenmitglieder voraus, die fähig und motiviert sind, Verantwortung für ihre eigenen Aufgaben zu übernehmen. Die Führungskraft erlaubt den Gruppenmitgliedern, ihre Aufgaben selbstständig zu lösen, indem sie Aufgaben delegiert (Johnson 2009, S.199).

Neben der strukturellen Führung durch den Entscheidungsprozess ist es für die Führungskraft wichtig, Teamentwicklungsprozesse zu kennen, sie zu erkennen und mit ihnen umgehen zu können. Diese sind nach Tuckman Norming, Storming, Forming, Performing und Adjourning (1965; Tuckman/Jensen 1977). Während der fünf Phasen konzentriert sich die Gruppe unbewusst auf spezielle Aspekte, die das Gruppenverhalten beeinflussen und im Folgenden erläutert werden.

Mit dem Start der Orientierungsphase im Entscheidungsprozess beginnt gleichzeitig die Normingphase der Teamentwicklung. In dieser Phase orientieren sich die Akteure, sie probieren Verhaltensmuster aus, sie versuchen sich an den Zielen zu orientieren und zeigen möglicherweise erste Widerstände. In der Stormingphase kommt es dann zur Positionsfindung. Konflikte, Machtkämpfe, Positionskämpfe, emotionale Widerstände bei der Einschränkung des Einzelnen sowie Normenunterschiede begleiten diese Phase. Diese sind jedoch bedeutend für die Herausbildung sozialer Strukturen und Gruppenbeziehungen. Dabei bilden sich Formen der Zusammenarbeit heraus. Daran schließt die Formingphase an, die auch als Organisationsphase bezeichnet wird. Hierbei kommt es zur Entwicklung des

Gruppenzusammenhalts. Die einzelnen Gruppenmitglieder arbeiten auf den Bestand der Gruppe hin und überlegen sich, wer welche Tätigkeiten (Rollenklärung) übernimmt, wie bei der Problemlösung vorgegangen wird und wie sich die Gruppe von ihrem Umfeld abgrenzt. Erst in der Performing- bzw. Arbeitsphase ist die Gruppe in der Lage, Gruppenziele und konkrete Aufgaben in Angriff zu nehmen. Durch Interaktion und Kommunikation festigen sich die diskutierten Rollen, Positionen und Normen. In der Adjourning Phase geht die Gruppe auseinander (Johnson 2009, S.28). In diesen fünf Phasen umfasst die Führungsrolle die folgenden Aufgaben (Johnson 2009, S.29):

1. Gegenseitiges Vorstellen und Kennenlernen der Gruppenmitglieder. Definition und Erklärung der Gruppenzusammensetzung.
2. Erklärung von Prozessen und Abläufen sowie deren Bestätigung durch die Gruppenmitglieder. Unterstützung von Redebeiträgen von allen Gruppenmitgliedern.
3. Betonung und Herausstellen der positiven Wechselwirkungen und Ergänzungen der Gruppenmitglieder. Ermutigen, sich gegenseitig zu vertrauen und sich vertrauensvoll zu verhalten.
4. Konflikte in der Stormingphase als einen normalen Prozess akzeptieren und auch die Unterschiedlichkeit/Andersartigkeit der Gruppenmitglieder berücksichtigen. Integrationsfördernde Methoden nutzen, um die Abhängigkeiten der Gruppenmitglieder deutlich zu machen. Erste Anordnung der Vorgehensweisen.
5. Unterstützung der Gruppenmitglieder, sich mit dem Ziel zu identifizieren und Verantwortung für die eigenen Ziele, diejenigen der Gruppe und der Verfahrensweisen zu übernehmen (Johnson 2009, S.297-298). Akzeptanz und Toleranz gegenüber individuellen Strategien im Umgang mit Unsicherheit (z.B. Intuition).
6. Als Berater für die Gruppe zur Verfügung stehen, indem Ressourcen bereitgestellt werden. Dafür sorgen, dass die Gruppe effektiv arbeiten kann.
7. Das Ende der Gruppenarbeit signalisieren und Unterstützung in der Unterbringung in zukünftigen Gruppen anbieten und beraten.

Wichtig ist, dass alle vier Phasen in dieser Reihenfolge durchlaufen werden. Sobald sich die Gruppenzusammensetzung ändert, ist die Führungskraft gefragt, den Teamentwicklungsprozess neu zu starten. Dabei kommen auf die Führungskraft die nachstehenden Aufgaben zusätzlich hinzu: das Vorleben der Unternehmenskultur (Corsten/Gössinger/Schneider 2006, S.81) und die Erfüllung der geforderten Erwartungen an das Informations- und Gruppenverhalten.

Entscheidend ist auch die Akzeptanz von informellen Austauschaktivitäten, da sich sonst trotz Architektur (siehe Kapitel Unternehmensstruktur 3.2.2) keine Netzwerkkultur herausbilden kann (Gigerenzer 2007, S.88; Jaworski 2007, S.157).
In Krisensituationen ist es empfehlenswert kurzzeitig, selbst zu bestimmen (dies fördert insbesondere der Ansatz der situativen Führung von Hersey und Blanchard), ohne sich jedoch kritischer Aussagen zu entziehen oder Indizien für Misserfolge zu übersehen (Dörner 2007, S.291-292). In solchen Situationen sind Führungskräfte schnell dabei, Leitungsbedarf zu entwickeln und zu handeln (Dörner 2007, S.289). Hier ist es demnach für eine Führungskraft entscheidend in angemessenen Abständen sich und das Verhalten der Gruppe zu reflektieren. Da die Führungskraft beständig um Rat gefragt wird, erhöht sich damit ihr Selbstwertgefühl, weil ohne sie keine Entscheidungen getroffen werden. Allein das scheint für die Führungskraft ein ausreichender Kompetenzbeweis zu sein. Ob nun die Entschlüsse klug und wirklich langfristig erfolgreich sind, steht erst einmal nicht zur Debatte (Dörner 2007, S.291). Die Tatsache, dass Maßnahmen in Entscheidungssituationen unter Unsicherheit ihre Folgen nicht unmittelbar zeigen, sondern mit einer mehr oder minder langen „Totzeit“ versehen sind, bewirkt, dass die Qualität einer Entscheidung sich nicht unmittelbar auswirkt. Die Führungskraft ist zur Konsequenz verdammt, weil die Änderung oder das Infragestellen einer einmal gewählten Entscheidung, die Kompetenz der Führungskraft in Frage stellt (Dörner 2007, S.291). Da sich die Angemessenheit von Entscheidungen durch Entwicklungen des Umfeldes wandelt, bedeutet die einmal gewählte Entscheidung auf die Dauer den Untergang. Die Solidarität in der Gruppe darf nie so weit gehen, dass die Gruppennormen sakrosankt werden. In Situationen, in denen sich die Bedingungen ändern, müssen auch die Entscheidungen veränderbar sein.
Die Beherrschung von Rollenkonflikten ist bei Führungskräften elementar wichtig. Denn Führungskräfte befinden sich in dem Dilemma, Bewahrung und Veränderung zeitgleich erledigen zu müssen. Auf der einen Seite wird an sie die Erwartung gerichtet, gewisse handlungsleitende Regeln und Strukturen zu stabilisieren, auf der anderen Seite müssen sie aufgrund der dynamischen Veränderungen im Umfeld, Veränderungen für die Weiterentwicklung der Organisation selbst initiieren und verfolgen (Neuberger 1990, S.93f.).
Ein weiteres Spannungsfeld ergibt sich daraus, dass Führungskräfte sich auf der einen Seite um das Wohlergehen ihrer Abteilung und ihrer Mitarbeiter kümmern und auf der anderen Seite die Beziehungen nach außen pflegen und Entwicklungen „im Auge haben” müssen. Dies gilt allerdings nur bis zu einem gewissen Grad: „Vorgesetzte symbolisieren und repräsentieren ihre Gruppe; widmen sie sich aber zu sehr dieser Außenvertretung, entfremden sie

sich von der eigenen Mannschaft und verlieren den notwendigen Rückhalt" (Neuberger 1990, S.94).
Die Unparteilichkeit der Führungskraft gegenüber den einzelnen Gruppenmitgliedern sorgt für eine entspannte Gruppenatmosphäre, Fairness und Vertrauen (Janis 1982, S.262ff). Daneben muss die Führungskraft darauf achten, dass unter Unsicherheit jeder genau die Rolle ausführt, die er am besten beherrscht (Naundorf 2008, S.30), denn je weniger die Gruppenmitglieder ihre individuellen Anstrengungen als essentiell in der Gruppe erachten, desto weniger effektiv wird die Gruppe sein (Johnson 2009, S.297-298). Dies setzt voraus, dass die Führungskraft die Kompetenzen ihrer Gruppe sehr gut kennen und einschätzen kann.
Gute Führung wird durch das Aufstellen von Normen und einer klaren Rollenverteilung erreicht (Lühring, 2003, S.153). Welche Gruppennormen dies sind, wird im Kapitel 3.2.6 separat behandelt.
Das Kapitel „Führungsverhalten" macht deutlich, wie ausschlaggebend die Führungskraft für Entscheidungen unter Unsicherheit ist. Es soll für alle, die eine Gruppe in diesem Umfeld führen, hilfreiche Hinweise enthalten. Die empirische Erhebung des Führungsverhaltens stellt - entsprechend dem Informations- und Kommunikationsverhalten - eine Herausforderung dar und kann nur durch eine Kombination von Methoden bewerkstelligt werden.

3.2.5 Gruppenzusammensetzung

Die Zusammensetzung der Gruppe spielt eine bedeutende Rolle für Entscheidungen unter Unsicherheit. Die Gruppe setzt sich vorrangig aufgabenbezogen zusammen (Lühring, 2003, S.146). Das bedeutet, dass klare Ziele der Entscheidung eine Voraussetzung für die Auswahl der Gruppenmitglieder darstellen. Neben den fachlichen, tragen allerdings noch weitere Rollen zum Erfolg von Entscheidungen unter Unsicherheit bei.
Rollen sind Erwartungen von Bezugsgruppen, die an Positionen geknüpft. Aus der soziologisch-funktionalistischen Perspektive sind Rollen die Schnittstelle zwischen einer Person und dem sozialem System (Feldmann 2000, S.67). Die Rolle dient demnach als Funktion des Systems.
Für das Kommunikations- und Entscheidungsverhalten ist die Beschreibung der kommunikativen Rolle in Unternehmen wichtig. Unter der kommunikativen Rolle ist die Gesamtheit der „Verhaltenserwartungen, die sich an das Kommunikationsverhalten des Mitgliedes einer Gruppe oder Organisation richten und die seine Kommunikationschancen mitbestimmen", zu verstehen (Fuchs-Heinritz 2007, S.561). Eine kommunikative Rolle ist die des Meinungsführers oder auch Change Agent genannt, der in Innovationsprozessen eine besondere Rolle spielt (Roger 2003, S.27). Der

Change Agent beeinflusst die Einstellungen anderer durch informelle Führung. Seine Rolle besteht darin, hauptsächlich dafür zu sorgen, Andere zu überzeugen, Informationen zu verbreiten und Ratschläge über Innovationen an viele Individuen des Systems zu erteilen. Die Erwartung an diese Rolle ist erfüllt, wenn die Einstellung Anderer beeinflusst wurde. Diese Rolle wird durch Kompetenzen, soziale Annerkennung und Konformität im sozialen System erworben (Rogers 2003, S.27). Personen, die diese Rolle ausführen, stellen die Strukturen des Systems dar. Damit sind Change Agents meinungsbildend und folglich Entscheidungslenker. Sie können teil der Gruppe sein oder als externer Berater tätig werden.
Eine weitere wichtige Rolle ist die des Außenseiters oder auch die Rolle des „Teufels Advokaten" genannt. Von dieser Rolle wird erwartet, dass sie der Gruppe den Spiegel vorhält und durch das Infragestellen von Sachverhalten für einen intensiven Meinungsaustausch sorgt. Hofstätter führt hierzu die Ergebnisse der bereits in den fünfziger Jahren durchgeführten Experimente von Schachtner (1954) und Emerson (1954) zur Rolle eines Extremisten in einer Gruppe an (Hofstätter 1986, S.92), die mit der Rolle des Teufels Advokaten vergleichbar ist. Dabei kommen die Wissenschaftler auf folgende Erkenntnisse:

- Der Extremist wird unbeschadet seiner menschlichen Qualitäten als ein unsympathischer Mensch abgelehnt.
- Die Ablehnung des Extremisten ist in stark kohärenten Gruppen deutlicher als in schwach kohärenten Gruppen.
- Der Extremist wird von den übrigen Gesprächspartnern sehr viel häufiger angeredet, sieben bis elfmal so oft wie der Konformist und immerhin noch im Durchschnitt drei- bis viermal so oft wie der Konvertit.
- Die Durchschnittsmeinung der Gruppe verschiebt sich im Zuge der Diskussion geringfügig, aber merkbar in Richtung auf die Position des Extremisten.

Der Meinungsaustausch einer Gruppe ist intensiver, wenn diese die „Rolle des Außenseiters" bzw. des Extremisten enthält. „Damit leistet dieser einen positiven Beitrag zum inneren Zusammenhalt der Gruppe, da das Ausmaß des Meinungsaustausches innerhalb einer Gruppe sich zu deren Kohäsion proportional verhält" (Hofstätter1986, S.93).
In Entscheidungsprozessen kann mehr Klarheit erzeugt werden, wenn auf unpräzise Aussagen Bezug genommen und vom Sender eine Präzisierung der Aussagen eingefordert wird (Hofinger 2005, S.13). Die ausführliche Beschreibung der Herausforderungen insbesondere in der sozialen, aber auch sachlichen und zeitlichen Dimension von Entscheidungen hat bereits in den vorangegangen Kapitel gezeigt, dass der Rolle des Moderators eine starke

Bedeutung zukommt. Bei Entscheidungen unter Unsicherheit ist es empfehlenswert einen Moderator in der Gruppe zu integrieren, der zum Einen die so genannte Lokomotions- als auch zum Anderen die Motivationsfunktion wahrnimmt. Unter der Lokomotionsfunktion ist die zeitliche Überwachung des Ablaufs, die Anregung zur Diskussion durch Fragen und Impulse, die damit verbundene Strukturierung der Diskussion, die Zusammenfassung der Ergebnisse (Fokus auf Übereinstimmungen, unterschiedliche Sichtweisen, offene Fragen) und die Protokollierung des Verlaufs zu verstehen (Brettschneider 2000, S.80). Die Motivationsfunktion des Moderators besteht sowohl in der Integration aller Gruppenmitglieder durch eine ausgewogene Beteiligung aller Gruppenmitglieder an der Diskussion, als auch in der Förderung eines positiven Gruppenklimas. Dies kann z.B. durch Kompromissvorschläge und Konfliktregelungsmechanismen in der Gruppe erfolgen.
Durch Wahrnehmung beider Funktionen durch den Moderator erhält die Gruppe ausreichend Raum, um sich voll und ganz auf den Inhalt des Entscheidungsprozesses konzentrieren zu können. Dadurch ist ein hoher Austausch an Ideen, Meinungen, Befindlichkeiten und Gefühlen möglich (Harland 2002, S.84f). Gibt es keinen Moderator in der Gruppe, ist der Gruppenleiter situativ in der Pflicht, diese Rolle zu übernehmen bzw. Rollenteile an andere Gruppenmitglieder zu delegieren.
Weiterhin sind Aufgaben- und Erhaltungsrollen in Gruppen unverzichtbar. Zu den Aufgabenrollen zählen die folgenden Tätigkeiten: Initiative fördern, Informationen suchen, Meinungen einholen, Ausarbeiten lassen, Koordinieren und Zusammenfassen. Unter Erhaltungsrollen werden hingegen die folgenden Aktivitäten gezählt: Ermutigen, Grenzen wahren, Regeln bilden, Folge leisten, Auswerten, Diagnostizieren, Übereinstimmung prüfen, Vermitteln und Spannung mindern (Feldmann 2000, S.42-43). Diese Rollen sind in der Gruppe aufzuteilen, wobei eine Person auch mehrere Rollen übernehmen kann.

Da eine Person mehre Rollen innerhalb und außerhalb der Gruppe verinnerlicht hat und deren unterschiedlichen Erwartungen gerecht werden muss, sind Rollenkonflikte unvermeidbar.
Die Soziologie klassifiziert hierbei fünf Rollenkonflikte: (a) Intra-Sender-Konflikt, (b) Inter-Sender-Konflikt, (c) Intra-Rollen-Konflikt, (d) Personen-Rollen-Konflikt und (e) Rollen-Ambiguität-Konflikt.
Beim (a) Intra-Sender-Konflikt hat der Akteur widersprüchliche Erwartungen an sich selbst. So möchte er beispielsweise seine Aufgaben kreativ und schnell erledigen und gleichzeitig ein perfektes Ergebnis erzielen (Wunderer 1997, S.166). Beim (b) Inter-Sender-Konflikt sind von verschiedenen

Rollensendern ausgehende Erwartungen unvereinbar. Dabei richten verschiedene Bezugspositionen bzw. -personen unvereinbare Erwartungen an den gleichen Positionsinhaber (Wunderer 1997, S.166). So wird beispielsweise von einem Mitarbeiter seitens seines Vorgesetzten erwartet, dass er möglichst schnell zu einer Entscheidung kommt. Der mit ihm in seiner Gruppe agierende Qualitätsbeauftragte verlangt allerdings eine ausgearbeitete und fundierte Entscheidung, die mehr Zeit in Anspruch nimmt, als dem Mitarbeiter eingeräumt wird. Beim (c) Intra-Rollen-Konflikt existieren Widersprüche in eigenen unterschiedlichen Rollen. Beispielsweise werden an die Führungskraft unterschiedliche Erwartungen aus verschiedenen Rollenzugehörigkeiten gestellt. So kann beispielsweise die 60-Stunden-Woche den Erwartungen des Ehepartners (z.B. füreinander genug Zeit zu haben) widersprechen. Wenn man als Person in unterschiedlichen Rollen überzeugen will, kann es oft zu solchen Widersprüchen kommen (Wunderer 1997, S.167). Beim (d) Person-Rollen-Konflikt liegt eine Unvereinbarkeit der Rolle mit den Werten, Motiven und Einstellungen des Rollenträgers vor. Diese Person-Rollen-Konflikte entstehen also, wenn Rollenerwartungen, die an das Gruppenmitglied gestellt werden, mit dem eigenen Selbstbild nicht in Einklang zu bringen sind. Ein typisches Beispiel hierfür ist jemand, der die Rolle des Moderators kurzfristig übertragen bekommt, sich jedoch vorwiegend mit seiner professionellen Fach-Rolle identifiziert und damit die Moderationsrolle als belastende, ungeliebte Zusatz- bzw. Nebenaufgabe ansieht. Damit widmet er diesen Moderationsaufgaben weder die nötige Zeit noch das erforderliche Augenmerk und Engagement (Wunderer 1997, S.372). In diesen Rollenkonflikt geraten besonders oft Führungskräfte. Die (e) Rollen-Ambiguität als fünfter Rollenkonflikt liegt dann vor, wenn Forderungen an Positionsinhaber unscharf formuliert sind. Diese Mehrdeutigkeit von Verhaltenserwartungen tritt bei unzureichenden Informationen, unklarer Aufgabenstellung oder mehrdeutigen Organisationsregeln auf (Staehle 1991, S.19).
Zur rechtzeitigen Vermeidung von Rollenkonflikten tragen transparente Erwartungen an die eigene Rolle und an die Rolle der Gruppenmitglieder entscheidend bei.

Im Folgenden wird auf die Gruppengröße und die Verteilung nach Alter und Geschlecht eingegangen. Gruppengröße und -leistung bedingen sich wechselseitig (Brettschneider 2000, S.53). Die Größe der Gruppe hat entscheidenden Einfluss auf Mehrheits- und Koalitionsbildung sowie Konflikt- und Kommunikationsmuster (Joas 2007, S.220). Je kleiner die Gruppe (ideal 6-8 Personen), desto

- mehr Beteiligung des Einzelnen findet statt,

- mehr Bedeutung hat der einzelne Beitrag,
- mehr Verantwortung für Handlungen und Unterlassungen trägt die Gruppe und
- stärkere Sanktionsmöglichkeiten existieren für Fehlverhalten, aber auch, für soziale Anerkennung.

Je größer die Diskrepanz zwischen funktionaler und tatsächlicher Gruppengröße ist, desto ineffektiver handelt die Gruppe (Johnson 2009, S.297-298). Wenn die Gruppe aus funktionaler Hinsicht aus fünf Vertretern bestehen sollte, aber doppelt so viele Gruppenmitglieder tatsächlich anwesend sind (z.B. jeweilige Vertreter), arbeitet die Gruppe zunehmend ineffektiver.
Ein weiteres Betrachtungsfeld ist die Geschlechter- und Altersverteilung in Gruppen. Diese tragen ebenfalls dazu bei, dass sich unterschiedliche Strategien im Umgang mit Unsicherheit herausbilden. Frauen thematisieren negative wie positive Gefühle und zwischenmenschliche Interaktionen eher als Männer, welche wiederum sachliche Probleme eher thematisieren als Frauen. Während Frauen bei Entscheidungen Personen bedenken, berücksichtigen Männer tendenziell eher Funktionen (Schwarz 2005, S.154ff). Vor diesem Hintergrund sollten in Gruppen, die Entscheidungen unter Unsicherheit zu treffen haben, sowohl Männer als auch Frauen vertreten sein. Wenn dies nicht möglich ist, müssen sich beide Geschlechter auch der anderen Denkweise gegenüber öffnen.
Neben dem Geschlecht spielt auch das Alter der Gruppenmitglieder eine wichtige Rolle. Mit zunehmendem Alter wird angenommen, dass sich eher intuitiver Strategien bedient wird, die aufgrund der Arbeits- und Lebenserfahrung entstehen und sich als erfolgreich erweisen. Ältere Personen haben rein zeitlich schon mehr Strategien ausprobieren können als jüngere Gruppenmitglieder. Experimente haben gezeigt, dass Ältere aufgrund ihrer Planungs- und Entscheidungserfahrung wesentlich besser abschnitten, als Jüngere, da ihre Vorgehensstrategien besser sind (Dörner 2007, S.316). Dem ist an dieser Stelle entgegenzuhalten, dass junge Gruppenmitglieder risikobereiter sind und häufig über aktuelleres Wissen als ältere Gruppenmitglieder verfügen. Daher wird eine gemischte Altersstruktur in Gruppen bei Entscheidungen unter Unsicherheit empfohlen.
Zusätzlich erfordern Gruppenentscheidungen unter Unsicherheit eine homogene und hierarchiefreie Zusammensetzung der Gruppe (Kießler/Scholl 1976, S.60). Unter Homogenität wird an dieser Stelle ein gleicher Bildungsstand und vor allem ein ähnliches Wertesystem, welches annähernd gleiche Denk- und Arbeitsweisen berücksichtigt, verstanden. Eine Gruppe muss aus unterschiedlichen Fachrichtungen zusammengesetzt sein, weil dies zum nötigen Verständnis und zur Durchdringung der zahlreichen Komponenten einer Entscheidung beiträgt. Flache Hierarchien stellen höhere

Anforderungen an Verantwortung und Kommunikation der Gruppenmitglieder und der Führung (Hofinger 2005, S.19). Schließlich wirkt eine regelmäßige Änderung der Gruppenzusammensetzung bestehenden Routinen entgegen (Hofinger 2005, S.20) und ist daher für einen dynamischen Prozess förderlich. Dadurch werden Rollen erneut überdacht bzw. an die Situation angepasst.
Die Auswahl der Gruppenmitglieder hat über deren Reputation und ihre geographische Proximität zu erfolgen (Axelrod 2000, S.121-122; Lühring 2003, S.153-155). Die empirische Überprüfung der Gruppenzusammensetzung wird sich - bis auf die Rollenkonflikte - relativ einfach umsetzen lassen.

3.2.6 Werte und Normen in der Gruppe

Werte gelten in der Soziologie als zentral für die Organisation einer Gesellschaft und demnach auch für die Organisation eines Unternehmens. Ein Wert ist eine „bewusste oder unbewusste Vorstellung des Gewünschten, die sich als Präferenz bei der Wahl zwischen Handlungsalternativen niederschlägt“ (Fuchs-Heinritz 2007, S.725). Der Wert wird als Maßstab definiert, der das Handeln lenkt und Entscheidungen über Handlungsweisen ermöglicht. „Individuelle Wertstrukturen dienen dem Einzelnen und damit auch der Gruppe als Richtschnur für ihr Handeln. Sie sind für die Bewertung von Zielen, Handlungen und der Einschätzung von Situationen wegweisend. Darüber hinaus werden sie als Begründung für Entscheidungen angeführt und erfüllen neben ihrer Orientierungsfunktion auch eine Steuerung von Entscheidungen (Reither 1997, S.90). Je verbindlicher Werte für alle Mitglieder einer Organisation festgelegt werden und je widerspruchsfreier sie aufeinander in einem Wertesystem oder einer Wertehierarchie bezogen sind, desto besser sind ihre Mitglieder in die Organisation integriert und desto geringer sind die Konflikte in einer Organisation.
Dagegen bezeichnen Normen einen Verhaltensstandard, der durch die Gleichförmigkeit des Verhaltens, eine soziale Bewertung des Verhaltens und eine verbindliche Forderung eines bestimmten Verhaltens entstehen (Fuchs-Heinritz 2007, S.460). Gruppennormen sind demnach die Bezeichnung für eine „Gleichförmigkeit bestimmter Meinungen oder Verhaltensweisen der Gruppenmitglieder“ (Fuchs-Heinritz 2007, S.257). Aus Normen entstehen Regeln, nach denen sich Gruppenmitglieder verhalten. Sie bewirken eine Reduktion der Komplexität und sind für die Sicherstellung standardisierter Abläufe hilfreich (Hofinger 2005, S.12).
Aus den Definitionen folgt, dass Normen weitaus spezifischer als Werte und gruppenabhängig sind. Daher wird im Folgenden zunächst auf die

Normentstehung und anschließend auf konkrete Normen für Entscheidungen unter Unsicherheit eingegangen.
Wenn die zu treffenden Entscheidungen unter Unsicherheit kostspielig sind, dann beeinflussen jene die Normentstehung (Opp 1983, S.131). Legitimierte Personen, wie z.B. Führungskräfte, sind befugt, Normen zu setzen und auch durchzusetzen. Dabei werden sowohl die Normensender als auch deren Empfänger (z.B. Gruppen) an die durchgesetzten Normen gebunden. Dieser Prozess wird als institutionalisierte Normentstehung bezeichnet (Opp 1983, S.205).
Andere Normen entstehen dadurch, dass Gruppen Vereinbarungen treffen, die bestimmte Verhaltensweisen der Gruppenmitglieder erlauben oder einschränken. Die Vereinbarungen können sich auf die Äußerung bestimmter Regelungen sowie auf Maßnahmen zu deren Durchsetzung beziehen (Normentstehung durch freiwillige Übereinkunft) (Opp 1983, S.205).
Viele Normen entwickeln sich allerdings ungeplant und evolutionär. Diese Entstehung erklärt Opp durch das Auftreten von Verhaltensregelmäßigkeiten. Beispielsweise wird in bestimmten Situationen ein Verhalten von Mitgliedern einer Gruppe wiederholt ausgeführt. Nach einiger Zeit erwartet die Gruppe, dass dieses Verhalten in der betreffenden Situation wiederholt ausgeführt wird (Opp 1983, S.208). Der Umkehrschluss gilt allerdings nicht: nicht jede Verhaltensregelmäßigkeit wird zur Norm. Opp führt drei Faktoren an, die das Auftreten von Verhaltensregelmäßigkeiten erklären: direkte Belohnung, Imitationsprozesse und soziale Strukturen. Wenn Verhaltensweisen direkt belohnt werden, wird der belohnte Akteur in einer erneut ähnlichen Situation dieselben Präferenzen haben und erwartet wieder, belohnt zu werden. Tritt letzteres ein, wird er das gezeigte Verhalten nach Möglichkeit wiederholen, da er damit einen hohen Nutzen und relativ geringe Kosten verbindet (Opp 1983, S.210). An dieser Stelle wird der Einfluss des Anreizsystems, aber auch des Führungsverhaltens deutlich. Ein zweiter Faktor, der das Auftreten von Verhaltensregelmäßigkeiten erklärt, ist die Imitation. Nach Bandura nimmt ein Beobachter durch ein Modell (z.B. eine Person, die beobachtet wird) wahr, dass bestimmte Verhaltensweisen in einer bestimmten Situation ausgeführt und jene in hohem Maße belohnt werden. Wenn der Beobachter erwartet, dass er in derselben Situation ebenfalls hohe Belohnungen erhält, wenn er sich ähnlich verhält, dann wird er in der betreffenden Situation das betrachtete Verhalten des Modells imitieren. Eine dritte Erklärung von Verhaltensregelmäßigkeiten sind soziale Strukturen, z.B. der Gruppenzusammenhalt (Kohäsion) und die Kommunikationsstruktur. Je höher die Kohäsion einer Gruppe ist und je wichtiger bestimmte Verhaltensweisen eingeschätzt werden, desto verbreiteter sind diese Verhaltensweisen. Eine bestimmte Präferenzstruktur sorgt für eine

konsequente ähnliche Bewertung neuer Präferenzen (Opp 1983, S.213). Wenn sich zwei Akteure in einer Gruppe sympathisch finden, passen sie sich demnach auch eher ihrem Kommunikationsverhalten, als demjenigen anderer Gruppenmitglieder, die sie nicht so sympathisch finden, an. Dadurch etablieren sich Normen, die bei einer isolierten Kommunikation nicht möglich sind (Opp 1983, S.212).
Je höher der Nettonutzen einer Verhaltensregelmäßigkeit im Vergleich zu dem Nettonutzen anderer Verhaltensweisen ist, desto größer ist der intrinsische Belohnungswert für das betreffende Verhalten. Wenn also ein Verhalten in hohem Maße direkt belohnt wird, wenn darüber hinaus die Imitation des betreffenden Verhaltens mit hohem Nutzen verbunden ist, wenn schließlich die genannten Strukturen Möglichkeiten für die Verbreitung des Verhaltens bieten und weitere Anreize für die Bildung von Präferenzen darstellen, entwickeln sich relativ starke Präferenzen für eine Verhaltensregelmäßigkeit (Opp 1983, S.215). Zur Äußerung einer Norm kommt es allerdings erst dann, wenn sich die anderen Gruppenmitglieder regulär verhalten und somit die Kosten für den „Sprecher der Norm“ gering sind. Denn je stärker die Präferenz für ein Verhalten ist, desto höher sind die Kosten, wenn sich andere nicht konform verhalten.
Weitere Bedingungen, die zur Akzeptierung (Internalisierung) von Normen und zur Entstehung von Vorkehrungen zur Durchsetzung von Normen führen, werden in der Gruppe bewusst oder unbewusst herausgearbeitet. Wenn die Äußerung einer Norm positiv bewertet und mit hoher Wahrscheinlichkeit erwartet werden kann, dann entwickelt sich eine positive Einstellung gegenüber dem Verhalten und entsprechend gegenüber der Norm. Eine Norm ist dann internalisiert, wenn das Individuum meint oder akzeptiert, dass es eine bestimmte Handlung ausführen soll (Opp 1983, S.218).
Schwierigkeiten in der Zusammenarbeit können dadurch entstehen, dass Vertreter verschiedener Disziplinen aufgrund unterschiedlicher beruflicher Sozialisation unterschiedliche Herangehensweisen entwickelt haben und so auf recht verschiedene Art und Weise an Entscheidungen herangehen. Dabei müssen diese Ursachen für die Betroffenen nicht unmittelbar erkennbar sein. Je weniger Gruppenmitglieder die Gruppennormen befolgen, desto ineffektiver wird die Gruppe arbeiten (Johnson 2009, S.297-298). Relevant ist dabei die Kenntnis, welche Normen bzw. Verhaltensstandards für Entscheidungen unter Unsicherheit förderlich sind. Im Folgenden wird daher auf diese näher eingegangen.
Vertrauen und Offenheit sind zwei grundlegende Gruppennormen. Sie ermöglichen die Bereitschaft, Informationen und unterschiedliche Meinungen in der Gruppe zu teilen. Vertrauen und Offenheit sind insbesondere dann von Relevanz, wenn es um die Mitteilung negativ behafteter Informationen, die

Selbstverständlichkeit in der Gruppe, Risiken einzugehen, die Erlaubnis, Fehler machen zu dürfen und um die Kommunikation dieser geht (Auer-Rizzi 1998, S.276; Schwarz 2005, S.142, Sutrich 2006, S.8). Vertrauen und Offenheit sorgen auch dafür, dass Gruppenmitglieder jederzeit Verständnisfragen stellen können und durch eine aktive Beteiligung an der Gruppendiskussion aufmerksam zuhören, um nach Bedarf klarzustellen, was ein anderes Gruppenmitglied gesagt hat (Auer-Rizzi 1998, S.278-281). Gerade in Situationen, in denen Zeit- und Handlungsdruck dominiert, sollte das subjektive Gefühl der Notwendigkeit des unmittelbaren Handelns hinterfragt werden. Es ist fast immer ausreichend Zeit vorhanden, Handlungsalternativen zu generieren und mitunter auch worst-case Szenarien zu kommunizieren (Hofinger 2005, S.16).

Ferner sind vor einer finalen Entscheidung Rückfragen ins Unternehmen wichtig, um deren Meinung und Reaktionen bei der Entscheidung zu berücksichtigen (Janis 1982, S.262ff).

Eine ausgeprägte kritische Haltung bildet eine weitere Gruppennorm. Kritikfähigkeit wird dadurch gefördert, indem jedes Gruppenmitglied darin bestärkt wird, Zweifel und Bedenken kritisch zum Ausdruck zu bringen und entscheidungsrelevante Sachverhalte in Frage zu stellen (Janis 1982, S.262ff; Etzioni 2001, S.54-56). Für diese Gruppennorm ist die Ausübung der Rolle des Teufels Advokaten förderlich, der der Gruppe den Spiegel vorhält. Gewinnbringend ist es, wenn jeder aus der Gruppe einmal in diese Rolle schlüpft, um sich der Rollenerwartung und dem Mehrwert in der Gruppe bewusst zu werden.

Reflexion und Feedback sind zwei wesentliche Gruppennormen, um vom Verhalten und angewendeten Entscheidungsstrategien zu lernen. Dabei reflektieren die Gruppenmitglieder insbesondere über den Einfluss der eigenen Verhaltens- bzw. Interaktionsmuster auf andere Personen (Auer-Rizzi 1998, S. 278-281).

Die Betonung kooperativer Ziele ist Voraussetzung dafür, dass das Gruppenziel gemeinsam erreicht wird und die Gruppenleistung mehr Wert, als jede individuelle Leistung, generiert (Auer-Rizzi 1998, S.276).

Des Weiteren tragen Respekt, Achtung vor den Bedürfnissen des Anderen (Auer-Rizzi 1998, S. 278-281), Fairness (Jaworski 2007, S.106-110), gegenseitige Anerkennung und Wertschätzung zu einer Gruppenatmosphäre der Sicherheit bei. Um mit Unsicherheit umgehen zu können, bilden die wechselseitige Unterstützung in der Gruppe, der Respekt vor individuellen Auffassungen und persönlichen Gefühlen, das Ermutigen schweigsamer Gruppenmitglieder sowie das Eingrenzen von Rivalitätsbeziehungen relevante Gruppennormen (Auer-Rizzi 1998, S.278-281). Dabei tragen vergleichbare

Verhaltensstandards zu einem fairen und kooperativen Umgang in der Gruppe bei (Lühring 2003, S.153).
Die Einräumung einer zweiten Chance, eine sogenannte Zweitchancensitzung, sorgt nach einem vorläufigen Konsens dafür, dass jedes Gruppenmitglied so lebhaft wie möglich seine Restzweifel zum Ausdruck bringen darf, die Gruppe über diese Zweifel reflektiert und dann erst eine Entscheidung trifft (Janis 1982, S.262ff).
Die Gruppe sollte sich gegenseitig darin unterstützen, strukturiert zu arbeiten, um sich z.B. auf die aktuellen Tagesordnungspunkte zu konzentrieren (Auer-Rizzi 1998, S.276).

Daraus folgt, dass die Gruppennormen einen entscheidenden Beitrag zur Reduzierung von Unsicherheit leisten, sodass die empirische Erhebung von zentraler Bedeutung ist. Dies wurde mittels ausformulierter Items umgesetzt und durch Beobachtungen bestätigt.

3.3 Mikroebene

Die Mikroebene beschreibt das Handeln von Akteuren, ihre Eigenschaften und Präferenzen (Esser 1993, S.112). Da bereits im Kapitel über Entscheidungsstrategien auf das Handeln von Akteuren eingegangen wurde, liegt im Folgenden der Fokus auf den Einflussfaktoren der Kompetenzen und Bedürfnisse auf Entscheidungen. In den Kapiteln über das Informations- und Kommunikations- (3.2.3) sowie Führungsverhalten (3.2.4) wurde aufgezeigt, dass Gruppenmitgliedern und Führungskräften in Gruppen eine wichtige Rolle bei Entscheidungen unter Unsicherheit zukommt. Diese können sie nur ausfüllen, wenn sie über die relevanten Kompetenzen verfügen. Denn Kompetenzen sind für gezeigtes Verhalten ursächlich und die Transparenz über die Bedürfnisse von Akteuren in einem Unternehmen sorgt für deren Zufriedenheit mittels Strukturen, wie Anreiz- und Beurteilungssysteme und trägt zusätzlich zum Verständnis des gezeigten Verhaltens bei.

3.3.1 Kompetenzen

Kompetenz ist ein in der Literatur vielfältig definierter Begriff, dessen dezidierte Diskussion nachfolgend unberücksichtigt bleibt und stattdessen lediglich auf relevante Definitionen eingegangen wird.
Kompetenzen sind nach Erpenbeck „Selbstorganisationsdispositionen“ und beschreiben somit die Fähigkeiten von Menschen, sich in offenen und unüberschaubaren, komplexen und dynamischen Situationen selbst organisiert

zurechtzufinden (Erpenbeck u.a. 2004, S.13). Solche Situationen nehmen, nach Weinberg (1996), angesichts der heutigen wirtschaftlichen, politischen und globalen Komplexität und Dynamik rasant zu. Weinberg versteht Kompetenz als „alle Fähigkeiten, Wissensbestände und Denkmethoden, die ein Mensch in seinem Leben erwirbt und betätigt" und diejenigen Fähigkeiten, die Menschen sowohl in vertrauten als auch in fremden Situationen handlungsfähig machen (Weinberg 1996, S.3ff.). Zusammenfassend nimmt Weinert (2004) zu den Gemeinsamkeiten der meisten wissenschaftlichen Kompetenzansätzen Stellung. Die Gemeinsamkeit besteht darin, dass sie Kompetenz als ein grob umrissenes, spezialisiertes System individueller bzw. kollektiver Fähigkeiten beschreiben, welche für die Erreichung bestimmter Ziele notwendig sind (Weinert 2004, S.25). Der Begriff Kompetenz steht demnach für eine interdisziplinäre, integrative und ganzheitliche Sicht. Aus diesem ganzheitlichen Blickwinkel heraus bietet der Begriff die Möglichkeit, sowohl individuelle Ansprüche als auch betriebliche Zielsetzungen zu integrieren. Kompetenz hat dabei das Ziel, Handlungsfähigkeit durch erforderliches Wissen, Können und Wollen für berufliche Lern- und Handlungssituationen sicherzustellen (Weiß 1999, S.439).

Aufgrund einer unsicheren Entscheidungssituation geht es künftig immer stärker darum, dass Führungskräfte und Gruppenmitglieder eine umfassende Handlungskompetenz besitzen, die sie befähigt, mit der zunehmenden Unsicherheit durch eigenes, verantwortungsbewusstes Handeln umzugehen. Die inhaltliche Aufteilung von Handlungskompetenz in Fach-, Methoden-, Sozial- und personaler Kompetenz ist in der wissenschaftlichen Literatur weit verbreitet und findet in der Praxis im Rahmen von Personalentwicklungsmaßnahmen breite Zustimmung und Anwendung (Bernien 1997; Erpenbeck u.a. 1999; Weiß 1999). In Abbildung 10 ist die Einteilung von Kompetenzen dargestellt.

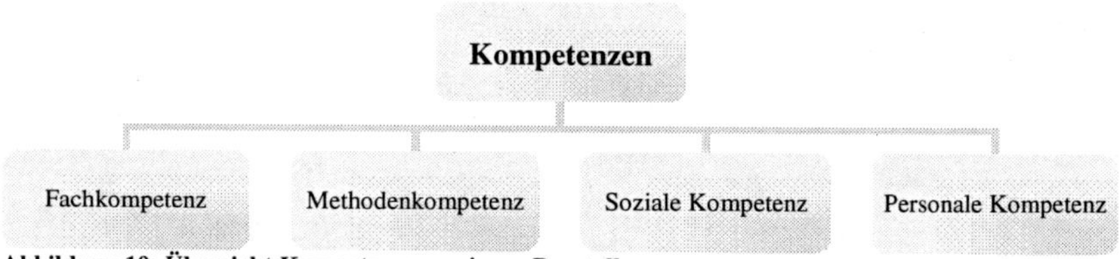

Abbildung 10: Übersicht Kompetenzen – eigene Darstellung

Nachfolgend werden diese separat definiert und mit relevanten Kompetenzen für Gruppenmitglieder und Führungskräfte, die Entscheidungen unter Unsicherheit zu treffen haben, ergänzt.

Fachkompetenz

Unter Fachkompetenz wird das Vorhandensein spezifischer beruflicher Kenntnisse und Fähigkeiten verstanden, die den gegebenen und den voraussichtlich zukünftig wichtigen fachspezifischen Berufsanforderungen entsprechen. Neben theoretischen Kenntnissen sind auch praktisch anwendbares Wissen sowie intellektuelle und handwerkliche Fähigkeiten gefordert. Fachkompetenz manifestiert sich in allen Kenntnissen und Fertigkeiten, die zur Ausübung der fachlichen Führungsaufgabe befähigen. Hierunter fällt Wissen über Abläufe, Technik, Prozesse sowie Kenntnisse über Handlungsmöglichkeiten innerhalb des Unternehmens. Fachkompetenz befähigt Wissen einzuordnen, neu zu verknüpfen und zu bewerten, Probleme zu erkennen und zur Entwicklung neuer Lösungen beizutragen (Graf 2002, S.11). Da diese Kompetenz vom Entscheidungsproblem abhängt, wird sie nur der Vollständigkeit halber erwähnt, aber nicht näher darauf eingegangen. Für Führungskräfte und Gruppen spielen die Methoden-, Sozial- und personale Kompetenz eine entscheidende Rolle. „Führungskompetenz meint die Fähigkeit, Mitarbeiter und andere Interaktionspartner zu überzeugen, sich durchzusetzen, entsprechendes Führungsverhalten zu zeigen und Verantwortung übernehmen zu können" (Becker 2002, S.294). Es wird bei den folgenden Ausführungen jeweils auf relevante Kompetenzen für Gruppenmitglieder sowie Führungskräfte eingegangen.

Methodische Kompetenz

Die seit langer Zeit wichtige Methodenkompetenz beinhaltet die Kenntnis und Beherrschung von Techniken, Verfahren und Vorgehensweisen, die der Problemstrukturierung und -lösung sowie der Entscheidungsfindung dienen. Darüber hinaus ermöglicht sie die selbstständige Aneignung neuer Kenntnisse, Fähigkeiten und Methoden (Falk 2000, S.448f; Becker 2002, S.294).

Dazu gehören u.a. Zielorientierung, Präsentationstechniken, Rhetorische Kenntnisse, Projektmanagement-Kenntnisse, Moderationstechniken, Umsetzungsfähigkeit, Konzeptionsfähigkeit (Falk 2000, S.448f.).

Umsetzungsfähigkeit setzt voraus, dass der Akteur in der Lage ist, die Verantwortung für seine Entscheidung bzw. die der Gruppe zu übernehmen und Engagement zeigt, auch in unsicheren und damit unangenehmen Situationen sich einer Entscheidung zu stellen (Brettschneider 2000, S.13). Insbesondere die Führungskraft muss die Fähigkeit mitbringen, erzielte Ergebnisse und getroffene Entscheidungen umzusetzen und sich daran messen lassen (Jaworski 2007, S.106-110).

Gerade bei Entscheidungen unter Unsicherheit spielt die konzeptionelle, systemische Kompetenz, insbesondere bei Führungskräften, eine Rolle. Diese beschreibt die Fähigkeit, Probleme und Chancen im Zusammenhang zu erkennen. Die Entwicklung dieser Kompetenz setzt ein grundsätzliches Verständnis des Gesamtsystems voraus (Harland, 2002; Steinmann/Schreyögg Management 1997, S.20-21). Aus dem Entscheidungsprozess unter Unsicherheit und dem beschriebenen Führungsverhalten geht hervor, dass die Führungskraft richtungweisend sein muss. Das bedeutet, dass sie einerseits in der Lage sein muss, Ziele entwickeln und kommunizieren zu können und andererseits Herausforderungen an die Gruppe zu stellen, die spezifisch, messbar, erreichbar, begründet und zeitlich realistisch sind (Jaworski 2007, S.106-110).

Soziale Kompetenz

Im Weiteren wird auf die Sozialkompetenzen eingegangen, die besonders stark das interaktive Verhalten von Gruppen beeinflussen. Speziell für Entscheidungen unter Unsicherheit ergibt sich aus dem erarbeiteten Bezugsrahmen und den dargestellten Erkenntnissen des Kapitels „Gruppennormen" der Bedarf an weiteren Kompetenzen. Eine sehr umfassende Definition sozialer Kompetenz liefern Faix und Laier (1996). „Soziale Kompetenz ist der Erfolgsfaktor für den Einzelnen, die Unternehmen und die Gesellschaft [...] Sie bildet die Grundvoraussetzung für das Leben mit anderen, sei es in der Familie, Freundeskreis, Schule, Betrieb oder Gesellschaft." Sie beschreiben weiterhin soziale Kompetenz als „...das Ausmaß, in dem der Mensch fähig ist, im privaten, beruflichen und gesamtgesellschaftlichen Kontext selbstständig, umsichtig und nutzbringend zu handeln" (Faix 1995, S.62, 71).

Als qualitative Kompetenzdimensionen benennen die Autoren dabei das Verantwortungsbewusstsein für sich selbst und andere und den Umgang mit anderen.

Empathie und Sensitivität, der Perspektivenwechsel durch Hineindenken und Mitfühlen mit anderen, zeigen unter anderem eine hohe soziale Kompetenz an. Empathie bezeichnet das „Erfassen (Begreifen, Nacherleben) der Bewusstseinsinhalte einer anderen Person (Gedanken, Gefühle oder Bedürfnisse) im Kontext bestimmter Lebensumstände, wobei das Bewusstsein, dass man selbst und die andere Person zwei verschiedene Menschen sind, immer erhalten bleibt (Mischo 2003, S.188; Weissenberger-Eibl 2004, S.471). Es handelt sich hierbei primär um die Fähigkeit, sich in andere Personen hinein versetzen zu können (Feldmann 2000, S.43). Gerade bei Entscheidungen unter Unsicherheit ist es wichtig, Gefühle angemessen

ausdrücken und sich in die persönliche Lage der Gruppenmitglieder versetzen zu können, um ihre Sicht auf die Entscheidung besser zu verstehen.
Kooperationsfähigkeit ist bei Gruppenentscheidungen unter Unsicherheit zentral. Darunter ist eine gegenseitige Unterstützung zu verstehen, die sich z.B. im Aufteilen einzelner Arbeiten und deren Zusammenführung zeigt (Brettschneider 2000, S.13; Weissenberger-Eibl 2004, S.471). Kooperationsfähigkeit bedeutet aber auch die Fähigkeit, anderen Gruppenmitgliedern zu helfen, sich mitzuteilen. Diese Kompetenz trägt dazu bei, Ideen und Gefühle mitzuteilen und die Einzigartigkeit des Individuums in einer Gruppe zu schützen und weiter zu entwickeln (im Gegensatz zu stark konformem Verhalten). Dabei ist die Situation oft eine Win-Win Situation. Teamfähigkeit wird oft synonym mit Kooperationsfähigkeit verwendet (Johnson 2009, S.299). Teamfähigkeit bedeutet, mit anderen sozial zu agieren und die eigenen Fertigkeiten und Kompetenzen im Sinne der Gruppenaufgabe optimal einzubringen. Bei der Teamfähigkeit stehen die eigenen Bedürfnisse, im Gegensatz zur Kooperationsfähigkeit, bei der Vorteile für alle Beteiligten im Mittelpunkt stehen, nicht im Vordergrund. Wie beim Fußball muss der eine Akteur dem anderen auch mal den Ball zuspielen, damit der Andere das Tor für die ganze Gruppe erzielen kann.
Eine weitere Soziale Kompetenz ist darin zu sehen, andere zu unterstützen, experimentierfreudig an eine Entscheidungssituation heran und damit überschaubare Risiken einzugehen. Dadurch wird eine vertrauensvolle Gruppenatmosphäre geschaffen. Schließlich sollten Akteure sich gegenseitig darin unterstützen, offen zu sein, indem sie andere Gruppenmitglieder dazu veranlassen, sich für neue Informationen, Ideen oder Gefühle zu öffnen und damit den Horizont zu erweitern (Auer-Rizzi 1998, S.283).
Da kreative Prozesse oft durch das Ausdiskutieren von Themen in Gang gebracht werden und jede Meinung innerhalb der Gruppe aus einer unterschiedlichen Perspektive heraus entsteht, sind Kommunikations- und Konfliktfähigkeit entscheidende Kompetenzen (Weissenberger-Eibl 2004, S.471).
Bei den ergänzenden Sozialkompetenzen der Führungskraft steht an erster Stelle die Motivation, das heißt die Gruppe inspirieren und mitreißen zu können (Jaworski 2007, S.106-110). Da Entscheidungen unter Unsicherheit durch viele Tiefpunkte geprägt sein können, ist es als Führungskraft wichtig, der Gruppe immer wieder das Ziel zu vergegenwärtigen und diese darauf einzuschwören. Dazu gehört auch ein respektvolles und gerechtes Verhalten, welches den persönlichen Zugang zu den Gruppenmitgliedern öffnet (Weissenberger-Eibl 2004, S.471; Jaworski 2007, S.106-110). Erst durch ein authentisches und überzeugendes Auftreten erhält die Führungskraft den nötigen Respekt und die Achtung von der Gruppe (Jaworski 2007, S.106-

110). „Gewissenhafte Entscheidungsträger sollten über die Fähigkeit verfügen, dem Konflikt zwischen innerer Einstellung und dem normativen Druck einer Gruppe standzuhalten. Neben der Konfliktfähigkeit bedarf es hierfür auch einer guten kommunikativen Kompetenz, um sich bei Meinungsverschiedenheiten in der Gruppe durchzusetzen“ (Brettschneider 2000, S.59).

Paschen und Dishmaier (2004) zeigen auf, dass eine erfolgreiche Führungskraft schlussendlich ein breites Rollenspektrum besitzen sollte: Für bestimmte Mitarbeiter sollten sie kreative Sparringspartner sein, für andere Mitarbeiter beratende Experten, für wieder andere freundschaftlich Partner oder manchmal sogar behütende Vater- bzw. Mutterfiguren. Wer dieses Rollenspektrum beherrscht, der wird es schaffen, Mitarbeiter mit sehr unterschiedlichen Persönlichkeitsmerkmalen und Erwartungen erfolgreich zu führen und zu integrieren. Wer dagegen als Führungskraft nur eine Karte spielen kann, ist zwangsläufig begrenzt und wird mit bestimmten Mitarbeitern nicht zu Recht kommen. Wer gerade bei Entscheidungen unter Unsicherheit erfolgreich führen will, benötigt ein Verständnis für die Menschen, die folgen sollen. Je besser und sensibler eine Führungskraft erkennt, an welcher Stelle man einen bestimmten Mitarbeiter am besten erreichen kann, desto erfolgreicher wird dieser Mitarbeiter zu motivieren sein.

Die Soziale Kompetenz verlangt von einer Führungskraft zusätzlich die Entwicklung und den proaktiven Aufbau von Vertrauen. Erst dann ist es möglich, Aufgaben in der Gruppe zu delegieren, diese zu motivieren und Verantwortung zu übertragen (Weissenberger-Eibl 2004, S.471; Jaworski 2007, S.106-110). Da die Gruppennormen und Unternehmenskultur ein zentraler Einflussfaktor bei Entscheidungen unter Unsicherheit darstellen, muss die Führungskraft in der Lage sein, die Werte des Unternehmens und damit der Gruppe vorzuleben und mit gutem Beispiel voranzugehen (Weissenberger-Eibl 2004, S.471; Jaworski 2007, S.106-110).

Personale Kompetenz

Unter Personaler Kompetenz verstehen Erpenbeck und Heyse (1999) die Summe aller verhaltensrelevanten Persönlichkeitsmerkmale und Verhaltensdispositionen, die in unterschiedlichen sozialen Situationen den erfolgreichen Einsatz von Kenntnissen und Fähigkeiten erlauben oder motivieren und initiieren. Als zugehörige Kompetenzdimensionen identifizieren Erpenbeck und Heyse (1999, S.190f.) zunächst das Selbstkonzept, welches auf Selbstvertrauen und Selbstwertgefühl basiert und die Annahmen und Einstellungen zur eigenen Person, emotionale Unabhängigkeit und Zuversicht in die eigene Kompetenz darstellt. Sodann führen sie die kritische Selbstwahrnehmung in Auseinandersetzung mit der eigenen Person und den Wechselwirkungen mit dem sozialen Umfeld an. Hierunter ist eine objektivierende Selbstwahrnehmung, Kenntnisse der eigenen Stärken und Schwächen, Fähigkeit zur konstruktiven Selbstkritik und Selbstentwicklung, die Kenntnis des eigenen Selbst- und Fremdbildes, ein konstruktiver Umgang mit den eigenen Unsicherheiten, Ängsten, Wünschen und Emotionen und abschließend ein ausgeprägtes Pflicht- und Wertebewusstsein zu verstehen. Des Weiteren gilt die Selbstdisziplin, also Umsicht, Gründlichkeit, Ruhe, geistige Konzentration, Begeisterungsfähigkeit als wichtig für die personale Kompetenz von Führungskräften. Ferner begreifen die Autoren den Antrieb, also die Tatkraft, den Ehrgeiz, das Engagement und die Zielstrebigkeit als weitere Kompetenzdimension. Abschließend geht es um das Denken in Gesamtzusammenhängen, welches zur Folge hat, dass Probleme von einer „höheren Warte" aus betrachtet werden können, sodass wesentliche Einzelheiten für die Führungskraft erkennbar sind.

Die zentrale Personale Kompetenz, die Gruppenmitglieder mitbringen müssen, sind Entscheidungsfähigkeit (Brettschneider 2000, S.13) und die Fähigkeit, konstruktiv mit Unsicherheit umgehen zu können. Dies erfordert die Neigung und Bereitschaft, sich auf Risiken und die eigene Intuition einzulassen, was ein gesundes Selbstbewusstsein, aber auch Verantwortungsübernahme für mögliche Fehler voraussetzt (Willenbrock 2007, S.28-33; Reither 1997, S.120; Sutrich 2006, S.5). In diesem Zusammenhang wird auch häufig die Copingkompetenz genannt, die die Fähigkeit beschreibt, sich mit Rückschlägen auseinander zu setzen und das bisherige Verhalten an die veränderte Situation anzupassen (Capital 2002, S.108). Weiterhin sind Kompetenzen wie Kreativität und Mut bedeutend (Auer-Rizzi 1998, S.278; Jaworski 2007, S.106-110). Vorauseilender Gehorsam und angepasstes Denken fördern unkritisches Entscheidungsverhalten. Akteure sollten Mut zum Widerspruch aufbringen und ihren eigenen Standpunkt in jeder Hinsicht vertreten, da sie nur so glaubwürdig wirken (Brettschneider 2000, S.59; Frey 2006, S.27).

Die Umsetzungsfähigkeit setzt zwei zentrale personale Kompetenzen voraus: eine positive Einstellung gegenüber Unsicherheit und Flexibilität im Denken und Handeln. Damit ist eine positive Einstellung gegenüber Unsicherheit verbunden, die eine notwendige Bedingung für deren Umgang und deren Akzeptanz im Unternehmen ist (Frey 2006, S.13). Die Umsetzungsfähigkeit setzt Flexibilität im Denken und Handeln voraus. Das bedeutet, dass der Akteur sich in neuen, ungewohnten Konstellationen zu Recht findet und sich als Gestalter der zu erfüllenden Aufgabe bzw. Entscheidung sieht (Brettschneider 2000, S.13; Weissenberger-Eibl 2004, S.471).

Intuitives Denken und Handeln wird, wenn es um Unsicherheit geht, von zahlreichen Autoren (u.a. Jaworski 2007, Gigerenzer 2007) als zentrale Personale Kompetenz genannt, weil Intuition eine mögliche Entscheidungsstrategie unter Unsicherheit darstellt. Charakteristisch für intuitives Denken sind eine unbewusste Informationssammlung und -verarbeitung, aber auch das Verständnis für die Sichtweise anderer Personen durch Einfühlen und Empathie. Beim intuitiven Denken werden Probleme in ihrer Gesamtheit bearbeitet. Intuitives Denken und Handeln ist von persönlicher Erfahrung abhängig, welche dem Akteur eine gefühlsmäßige Sicherheit bezüglich des Denkerergebnisses bereitstellt. Intuitiv handelnde Akteure verwenden bei ihren Erklärungen bildliche Metaphern und verfügen über geringe kognitive Kontrolle. Sie schalten dabei ihren Verstand aus und vertrauen ihrem Bauchgefühl (Nothbaum 1997, S.45). Aus intuitivem Denken und Handeln entwickelt sich emotionale Intelligenz, worunter das Wahrnehmen, Erleben und der Umgang mit eigenen Gefühlen verstanden wird (Scheler 1999).

Da bereits im beschriebenen Entscheidungsprozess unter Unsicherheit die Reflexion der Gruppe als essentiell betrachtet wurde, wird auf der Mikroebene bei den personalen Kompetenzen die Reflexionsfähigkeit von Individuen als bedeutsam gesehen. Reflexionsfähigkeit ist die kritische Selbst- und Fremdanalyse von Denk- und Handlungsprozessen. Durch wiederholtes Agieren unter wechselnden Bedingungen kann das eigene Denken und Handeln besser kennengelernt, kritisch hinterfragt und gegebenenfalls verändert bzw. angepasst werden (March 1990, S.306; Hofinger 2005, S.93).

Daran schließt sich nahtlos die Personale Kompetenz des lebenslangen Lernens an. Sie ist eine der Schlüsselkompetenzen, mit denen sich Akteure Neugierde und Offenheit ein Leben lang bewahren können, gerade da Entscheidungen unter Unsicherheit dazu beitragen, die geforderte Offenheit für Neues mitzubringen. Mut und Intuition sind das Geschenk jeder guten Lernkompetenz (Capital 2002, S.108; Weissenberger-Eibl 2004, S.471).

Letztlich ist das Vorhandensein der aufgeführten Kompetenzen noch keine Garantie für deren Anwendung. Denn wie Reither (1997, S.103-107) richtig feststellt, bedeutet das Vorhandensein von Werkzeugen noch lange nicht deren Gebrauch bei Entscheidungen unter Unsicherheit, da sie durch Interaktion und die jeweilige Situation beeinflusst werden. Dennoch stellen die beschriebenen Kompetenzen eine wesentliche Voraussetzung für erfolgreiches Entscheiden unter Unsicherheit dar.

Abschließend weist die Verfasserin darauf hin, dass die aufgeführten Kompetenzen das Ergebnis einer Literaturrecherche sind und daher keinen Anspruch auf Vollständigkeit erfüllen. Jedoch können mittels Befragung die

Bedeutung von bisher identifizierten Kompetenzen analysiert und ergänzt werden.

3.3.2 Bedürfnisse

Im Kapitel über Unternehmensstrukturen (3.2.2) wurde deutlich, dass Anreizsysteme und Bedürfnisse eng miteinander verknüpft sind. „Je wertvoller die Belohnung ist, die eine Person für eine bestimmte Aktivitätsäußerung erhält, desto öfter wird sie diese Aktivitäten zeigen" (Homans 1968, S.113). Bedeutsam ist die Kenntnis darüber, was einer Person wichtig ist. Erst dann können Aktivitäten gezielt gesteuert werden.
Unter Bedürfnis ist „jeder Mangelzustand, den ein Individuum zu überwinden sucht, jeder Zustand des Organismus, der ein bestimmtes Verhalten in Richtung auf seine Beseitigung auslöst" zu verstehen (Fuchs-Heinritz 2007, S.77). Wenn nicht einzelne, sondern Gruppen kollektive Träger von Bedürfnissen sind, spricht man auch von Kollektivbedürfnissen. Unter soziologischen Gesichtspunkten ist der Zusammenhang zwischen individuellen Bedürfnissen und den gesellschaftlichen Möglichkeiten der Bedürfnisbefriedigung (vor allem durch das System der Produktion und Verteilung von Gütern) bedeutsam. Wenn die Gesellschaft zur Befriedigung wichtiger Bedürfnisse nicht in der Lage ist und/oder große Teile ihrer selbst zur Unterdrückung ihrer Bedürfnisse zwingt, führt dies zu sozialen Spannungen. Kollektivbedürfnisse sind hierbei z.B. das Bedürfnis nach Sicherheit und nach Orientierung. Sie entwickeln sich aus Belegschaften in Organisationen und können der Organisation bekannt oder unbekannt sein. Daher ist es wichtig, sie zu erfassen und zu einer entsprechenden Bedürfnisbefriedigung beizutragen (Fuchs-Heinritz 2007, S.340).
Soziale Anerkennung bzw. Wertschätzung und physisches Wohlbefinden sind zwei wesentliche Grundbedürfnisse des Menschen (Esser 1993, S.125). Da situative und gesellschaftliche Faktoren bei der Beschreibung von Bedürfnissen elementar sind (Becker 2002, S.88), werden die Bedürfnisgruppen von Dörner herangezogen. Er unterscheidet fünf verschiedene Bedürfnisse bzw. Bedürfnisgruppen. Die Bedürfnisgruppen der Affiliation, Bestimmtheit und Kompetenz sind für Entscheidungen unter Unsicherheit von besonderer Bedeutung.

Bedürfnis-gruppen	Ursache von Sollwertabweichungen	Bedürfnis-befriedigungen	Verhalten
Affiliation	periodisch oder durch Außenreize (Antilegitimitätssignale)	Legitimitätssignale	Suche nach Legitimitäts-signalen
Bestimmtheit	Überraschung, Neues, Komplexität	Information (über kausale Bedingtheiten)	Spezifische Exploration
Kompetenz	Misserfolge	Erfolge	Diversive Exploration

Tabelle 2: Bedürfnisgruppen nach Dörner (1999) – eigene Darstellung

Das Bedürfnis nach Affiliation zeigt sich im Suchen nach Legitimitätssignalen wie z.B. Hilfeleistungen oder Anerkennung. Damit ist die Gruppenbildung gemeint, der Zusammenschluss mit Menschen, der dem Verlangen nachkommt, nicht alleine zu sein. In einer Gruppe fühlen sich Akteure wohl, wenn sie sich nach den akzeptierten Normen einer Gruppe verhalten und danach ausrichten. Daraus entsteht der Anspruch, dass sich die Gruppenmitglieder sich selbst gegenüber auch normgerecht verhalten (Dörner 1999, S.326). Man darf darauf vertrauen, dass die Gruppe für die anderen Gruppenmitglieder einsteht und dass es jederzeit möglich ist, ihre Hilfe in Anspruch zu nehmen. Die sogenannte interne Legitimität verleiht dem einzelnen Akteur Stärke, die den eigenen Kräften durch die Gruppe hinzugefügt wird (Dörner 1999, S.327).
Im Gegensatz dazu umfasst die externale Legitimität die Auffassung des Einzelnen, dass sich andere Personen oder auch Institutionen entsprechend den akzeptierten Gruppennormen verhalten. Sie ist also eine Zuschreibung, die bestimmte Verhaltenserwartungen beinhaltet. Der Ausdruck des Glaubens ist das Legitimitätssignal und sorgt für das Gefühl, sich in einer bzw. in Bezug auf eine Gruppe wohlzufühlen. Dabei können Kleidung oder Verhaltensweisen entsprechende Legitimitätssignale sein (Dörner 1999, S.327). Üblicherweise müssen sich Akteure jene Legitimitätssignale verdienen, indem sie sie selbst in Form von freundlichen Grüßen oder dem Anbieten von Unterstützung aussenden (Dörner 1999, S.329).
Das Bedürfnis nach Bestimmtheit (Dörner 1999, S.352) bedeutet, dass sich Akteure wohlfühlen, wenn alles vertraut ist und sie die Geschehnisse voraussagen und erklären können. Andernfalls fühlen sie sich unwohl und versuchen, sich die fehlenden Informationen zu beschaffen (spezifische Exploration). Da Unbestimmtheit unangenehm ist, streben Akteure danach, Unbestimmtheit zu vermeiden und sind sogar bereit, voraussehbare Übel und Lasten in Kauf zu nehmen anstatt sich unbekannten, vielleicht aber

günstigeren Konstellationen zuzuwenden (Dörner 1999, S.352). Überraschungen, Komplexität und neue Informationen sorgen für ein Ungleichgewicht des Bedürfnisses und Akteure sind bemüht, durch Komplexitätsreduktion und Verarbeitung neuer Informationen bzw. der Suche nach Herausforderungen (spezifische Exploration) dieses Gleichgewicht wieder herzustellen (Dörner 1999, S.351-352).

Das Bedürfnis nach Kompetenz bedeutet generell das Bedürfnis nach Selbstwirksamkeit (self-efficacy laut Bandura). Das Bedürfnis kann unendlich viele Formen annehmen. Diese sind von den Fähigkeiten des Individuums und von seiner Lerngeschichte abhängig. Jede Bedürfnissteigerung ist ein Misserfolg, jede Bedürfnisbefriedigung ein Erfolg. So fühlen sich Akteure stark, wenn sie mit ihrer sozialen Umwelt im Einklang sind (Dörner 1999, S.415-421). Das Kompetenzbedürfnis entsteht aus einer unlustbehafteten Situation heraus (Dörner 1999, S.418), die dazu führt, dass sich Akteure Kompetenzen aneignen, wenn dies nicht allzu beschwerlich und der Erfolg der Aneignung relativ hoch ist (Dörner 1999, S.419).

Ein Bedürfnis wird durch eine Handlung geleitet, das heißt, dass erst durch den Suchprozess des vom Akteur verfolgten Ziels das Bedürfnis danach entsteht. Die entsprechenden Bedürfnisse müssen ausreichend ausgeprägt sein und außerdem muss die Wahrscheinlichkeit des Erfolges relativ hoch sein (Erwartungs- × Wert-Prinzip). Die Bedürfnisse haben verschiedene Gewichte, z.B. wiegen existentielle Bedürfnisse schwerer als die Affiliation. So ergeben sich Hierarchien, die aber nicht starr, sondern variabel sind (Heterarchien). Sehr häufig gibt es Bedürfnisamalgame. Ein Akteur kann einer Gruppe, die Entscheidungen unter Unsicherheit zu treffen hat, beitreten, weil er das Bedürfnis nach Affiliation und das Bedürfnis nach Kompetenz zufriedenstellen möchte.

Die Kenntnis über die Bedürfnisse von Akteuren, die Entscheidungen unter Unsicherheit zu treffen haben, bilden eine Grundlage für die Gestaltung von Entscheidungsprozessen und Be- und Entlohnungssystemen in Unternehmen und können der empirischen Überprüfung zugänglich gemacht werden.

3.4 Analysemodell

Die vorausgegangenen Kapitel beschreiben die Ausprägungen der Einflussfaktoren auf Entscheidungen unter Unsicherheit. Nach Einordnung der beschriebenen Einflussfaktoren im organisationssoziologischen Modell nach Büschges/Abraham folgen daraus der Bezugsrahmen der Dissertation und das Analysemodell, welches der Abbildung 11 zu entnehmen ist.

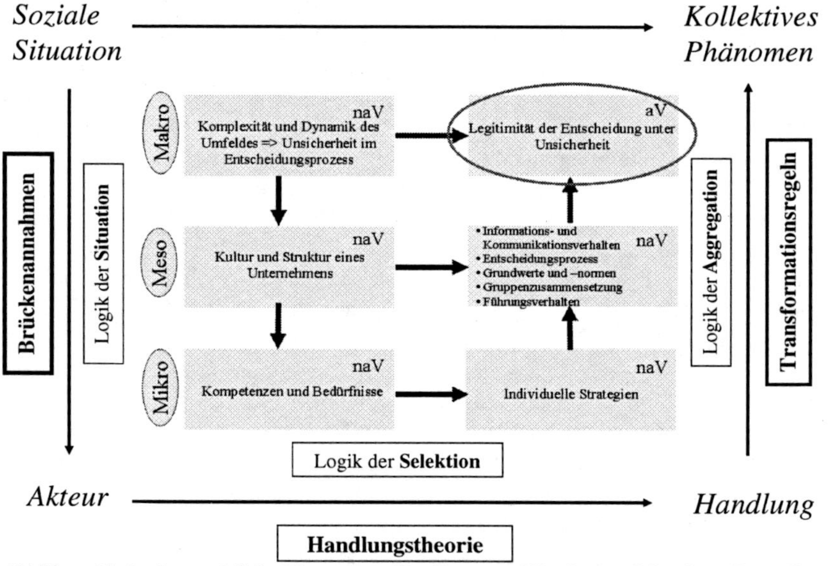

Abbildung 11: Analysemodell der Dissertation: Handlungs- und Strukturmodell – eigene Darstellung

Dabei zeigt das Analysemodell die abhängige Variable als „Subjektive Einschätzung der Legitimität der Entscheidung unter Unsicherheit“, die durch vier Items operationalisiert werden kann. Es wird die Frage aufgeworfen, welche nicht-abhängigen Variablen die abhängige Variable beeinflussen und welche sozialen Mechanismen dabei wirken. Mechanismen sind „überschaubare, in ihrem Verlauf und ihrer Wirkungsweise erklärte, für wiederholende Handlungen, Interaktionen und Ereigniskonstellationen anwendbare Produktions- und Reproduktionsregeln von sozialen Sequenzen“ (Fuchs-Heinritz 2007, S.419). Bezüglich des Bezugsrahmens ist Folgendes festzuhalten:

Die Logik der Situation erklärt den Einfluss der Unsicherheit des Umfeldes eines Unternehmens (soziale Situation), der zum Einen auf die „Subjektive

Einschätzung der Legitimität von Entscheidungen unter Unsicherheit" (Kollektives Phänomen) auf der Makroebene und zum Anderen auf die Unternehmenskultur und -struktur auf der Mesoebene einwirkt. Hieraus wird folgende Brückenannahme abgeleitet: die Unsicherheit des Umfeldes führt zu einer Anpassung der Unternehmenskultur und -struktur, welche die Kompetenzen und Bedürfnisse von Akteuren beeinflussen.

Die Logik der Selektion erklärt, aus welchen Gründen Akteure handeln. Die Handlungstheorie wird wie folgt formuliert: die aufgrund des kulturellen und strukturellen Einflusses angepassten Kompetenzen und Bedürfnisse führen zur Herausbildung individueller Strategien für den Umgang mit Entscheidungen unter Unsicherheit.

Die Logik der Aggregation erklärt den Zusammenhang zwischen der individuellen Strategie auf der Mikroebene und der „Subjektiven Einschätzung der Legitimität von Entscheidungen" auf der Makroebene. Durch die entwickelten individuellen Strategien der Akteure und die angepasste Unternehmenskultur und -struktur wird zunächst der komplexe Prozess des Entscheidungsverhaltens in Gruppen und im Anschluss die Legitimität von Entscheidungen beeinflusst.

Die nun folgenden abgeleiteten konkreten Hypothesen dienen als Grundlage der empirischen Untersuchung.

H1: Die Unsicherheit im Umfeld eines Unternehmens beeinflusst direkt die subjektive Einschätzung der Legitimität von Entscheidungen unter Unsicherheit.

H2: Die subjektive Einschätzung der Legitimität von Entscheidungen unter Unsicherheit wird von dem Handeln und dem Handlungsrahmen direkt beeinflusst.

H3: Die subjektive Einschätzung der Legitimität von Entscheidungen unter Unsicherheit wird von der Unternehmenskultur und -struktur indirekt beeinflusst.

H4: Die subjektive Einschätzung der Legitimität von Entscheidungen unter Unsicherheit wird von den individuellen Strategien der Akteure indirekt beeinflusst.

H5: Die individuellen Strategien der Akteure sind dabei abhängig von deren Kompetenzen und Bedürfnissen.

H6: Die Unternehmenskultur und -struktur beeinflusst die Kompetenzen und Bedürfnisse der Entscheidungsakteure und damit indirekt die subjektive Einschätzung der Legitimität von Entscheidungen unter Unsicherheit.

H7: Die Unsicherheit im Umfeld eines Unternehmens beeinflusst die Unternehmenskultur und -struktur und damit indirekt die subjektive Einschätzung der Legitimität von Entscheidungen unter Unsicherheit.

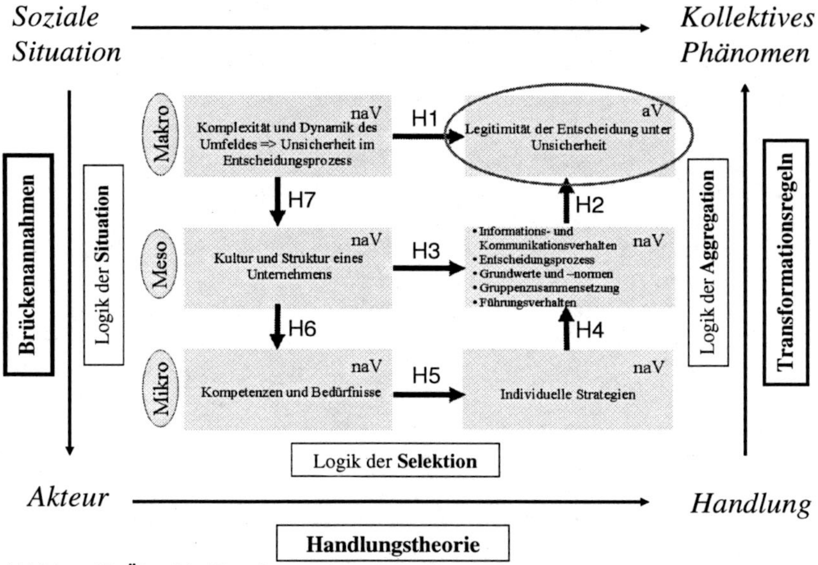

Abbildung 12: Übersicht Hypothesen - eigene Darstellung

Abbildung 12 stellt die abgeleiteten Hypothesen graphisch dar. Welche konkreten Einflussfaktoren sich hinter den Begriffen im Analysemodell verbergen, besteht in der Extraktion der theoretischen Vorüberlegungen und wird nun zusammenfassend erläutert.

Makroebene: Legitimität der Entscheidung unter Unsicherheit

Die Legitimität der Entscheidung unter Unsicherheit wird gemessen durch die folgenden Elementarsätze: Verantwortung für das Gruppenergebnis sowie die Zufriedenheit der Gruppe mit dem Entscheidungsergebnis, der Gruppenleistung und der Gruppenatmosphäre.

Makroebene: Unsicherheit im Entscheidungsprozess

Hierfür werden die vier Faktoren Komplexität, Dynamik, Vernetztheit und Intransparenz herangezogen. Die Komplexität soll durch das Vorhandensein und gleichzeitige Berücksichtigen vieler Einflussfaktoren, die bei einer Entscheidung zu beachten sind, gemessen werden. Die Dynamik wird am Besten durch die zeitliche Veränderung und Weiterentwicklung relevanter Einflussfaktoren bei einer Entscheidung erfasst. Wechselseitige Abhängigkeiten der Entscheidungskomponenten beschreiben die Vernetztheit und eine geringe Verfügbarkeit von Informationen über Entscheidungskomponenten die Intransparenz.

Mesoebene: Informations- und Kommunikationsverhalten

Die Gruppe verpflichtet sich zur aktiven Informationssuche und Offenheit gegenüber neuen Informationen. Der zielorientierte, zeitnahe und direkte Informationsaustausch ist entscheidend, sowie die Nutzung möglichst vieler unterschiedlicher Informationsquellen und des richtigen Detaillierungsgrad von Informationen.

Das Kommunikationsverhalten ist geprägt von einem gemeinsamen Verständnis von Sachverhalten, welches durch das Stellen vieler Fragen, aber auch der Visualisierung des Gesagten sicher gestellt wird. Weiterhin bilden ein konstruktiver Umgang mit Fehlern, freie Meinungsäußerung, aufmerksames Zuhören, eine aktive Beteiligung an der Gruppendiskussion, die Reflexion auffälliger Verhaltensweisen in der Gruppe, gegenseitiges Feedback geben und die Transparenz über die einzelnen Rollenerwartungen in der Gruppe die Basis des Kommunikationsverhaltens unter Unsicherheit.

Mesoebene: Entscheidungsprozess

Der Entscheidungsprozess wird wie folgt chronologisch aufgebaut. Es besteht Klarheit über die zeitliche Eigendynamik des Entscheidungsproblems und über das Ziel des Entscheidungsprozesses. Die Akteure sind sich über Zielkonflikte und der daraus folgenden Schwerpunkt- und Kompromissbildung bewusst und analysieren die Randbedingungen und Konsequenzen der Ziele.

Entscheidungskriterien werden abhängig von den Zielen ausgewählt und nach Wichtigkeit geordnet. Ziele und Prämissen werden im Laufe des Entscheidungsprozesses gezielt in Frage gestellt und entsprechend angepasst.

Bei der Alternativenauswahl werden verstärkende und reduzierende Auswirkungen auf Massnahmen beachtet. Die Auswirkungen von Massnahmen werden nach Bedingungs-, Aktions- und Ergebnisteil klassifiziert. Die Gruppe arbeitet mit Analogien, um Kenntnisse über die Bestandteile des zu entscheidenden Sachverhaltes zu erlangen. Die gesamte Entscheidungssituation wird in einem übersichtlichen Modell analysiert.

Die für die eine Entscheidung gefundenen alternativen Lösungen werden gemäß den aufgestellten Kriterien spezifiziert und mit geeigneten Detaillierungsgrad beschrieben. Anschließend stellt die Gruppe die Konsequenzen der einzelnen Alternativen fest. Die Alternativen werden auf Richtigkeit, Genauigkeit und Vollständigkeit geprüft. Die Suche nach Alternativen wird abgebrochen, sobald eine zufriedenstellende Alternative gefunden wurde.

Die Gruppe kann mit unerwarteten Komplikationen umgehen und setzt die einmal getroffene Entscheidung in die Tat um. In der Gruppe wird geklärt, wer von der Entscheidung wissen muss und welche Handlung nach der Entscheidung vorgenommen werden muss.
Die Gruppe reflektiert die positiven und negativen Situationen des Entscheidungsprozesses.

Mesoebene: Grundwerte und Normen

Vertrauen und Offenheit sind zwei grundlegende Gruppennormen. Sie ermöglichen die Bereitschaft, Informationen und unterschiedliche Meinungen in der Gruppe zu teilen. Vertrauen und Offenheit sind insbesondere dann von Relevanz, wenn es um die Mitteilung negativ behafteter Informationen, die Selbstverständlichkeit in der Gruppe, Risiken einzugehen, die Erlaubnis, Fehler machen zu dürfen und um die Kommunikation dieser geht. Vertrauen und Offenheit sorgen auch dafür, dass Gruppenmitglieder jederzeit Verständnisfragen stellen können und durch eine aktive Beteiligung an der Gruppendiskussion aufmerksam zuhören, um nach Bedarf klarzustellen, was ein anderes Gruppenmitglied gesagt hat. Gerade in Situationen, in denen Zeit- und Handlungsdruck dominiert, sollte das subjektive Gefühl der Notwendigkeit des unmittelbaren Handelns hinterfragt werden. Es ist fast immer ausreichend Zeit vorhanden, Handlungsalternativen zu generieren und mitunter auch worst-case Szenarien zu kommunizieren.
Eine ausgeprägte kritische Haltung bildet eine weitere Gruppennorm. Kritikfähigkeit wird dadurch gefördert, indem jedes Gruppenmitglied darin bestärkt wird, Zweifel und Bedenken kritisch zum Ausdruck zu bringen und entscheidungsrelevante Sachverhalte in Frage zu stellen. Reflexion und Feedback sind zwei wesentliche Gruppennormen, um vom Verhalten und angewendeten Entscheidungsstrategien zu lernen. Dabei reflektieren die Gruppenmitglieder insbesondere über den Einfluss der eigenen Verhaltens- bzw. Interaktionsmuster auf andere Personen.
Die Betonung kooperativer Ziele ist Voraussetzung dafür, dass das Gruppenziel gemeinsam erreicht wird und die Gruppenleistung mehr Wert, als jede individuelle Leistung, generiert.
Des Weiteren tragen Respekt, Achtung vor den Bedürfnissen des Anderen, Fairness, gegenseitige Anerkennung und Wertschätzung zu einer Gruppenatmosphäre der Sicherheit bei. Um mit Unsicherheit umgehen zu können, bilden die wechselseitige Unterstützung in der Gruppe, der Respekt vor individuellen Auffassungen und persönlichen Gefühlen, das Ermutigen schweigsamer Gruppenmitglieder sowie das Eingrenzen von Rivalitätsbeziehungen relevante Gruppennormen. Dabei tragen vergleichbare Verhaltensstandards zu einem fairen und kooperativen Umgang in der Gruppe

bei. Die Gruppe sollte sich gegenseitig darin unterstützen, strukturiert zu arbeiten, um sich z.B. auf die aktuellen Tagesordnungspunkte zu konzentrieren.

Mesoebene: Gruppenzusammensetzung

Die Gruppe setzt sich vorrangig aufgabenbezogen, zielorientiert, interdisziplinär, nach unterschiedlicher Alters- und Geschlechterverteilung zusammen. Es besteht Klarheit über die eigene Rolle und die Rolle der Anderen. Die Gruppe verfügt über Personen, die die Initiative fördern, die Aufgaben strukturieren, die andere ermutigen und die Regeln bilden. Jedes Gruppenmitglied führt genau die Aufgabe aus, die es besonders gut kann. Zusätzlich gibt es einen Moderator in der Gruppe und einen Change Agent, der die Meinung der anderen stark beeinflusst. Die beschriebene Rolle des „Teufels Advokaten" wurde bereits bei den Gruppennormen durch „Infragestellen von Sachverhalten" aufgenommen. Die Gruppengröße liegt zwischen sechs und acht Personen und die Geschlechterverteilung bei 50% Frauen und 50% Männer.

Mesoebene: Führungsverhalten

Der empfohlene Führungsstil bei Entscheidungen unter Unsicherheit ist der situative Führungsstil nach Hersey und Blanchard. Dabei unterscheiden die Autoren zwischen Aufgaben- und Mitarbeiterorientierung. Diese beiden Ausprägungen ergeben in der Summe vier Führungsstile: telling, selling, participating and delegating. Das bedeutet je nach Einschätzung der Aufgaben- bzw. Mitarbeiterorientierung, situativ zu führen. Unabhängig davon, welche Ziele verfolgt werden, ist diejenige Führungskraft effektiv, die ihre Ziele schnell und gut erreicht.

Neben der strukturellen Führung durch den Entscheidungsprozess ist es für die Führungskraft wichtig, Teamentwicklungsprozesse zu kennen, sie zu erkennen und mit ihnen umgehen zu können. Diese sind nach Tuckman Norming, Storming, Forming, Performing und Adjourning. In diesen fünf Phasen umfasst die Führungsrolle die folgenden Aufgaben:

1. Gegenseitiges Vorstellen und Kennenlernen der Gruppenmitglieder. Definition und Erklärung der Gruppenzusammensetzung.
2. Erklärung von Prozessen und Abläufen sowie deren Bestätigung durch die Gruppenmitglieder. Unterstützung von Redebeiträgen von allen Gruppenmitgliedern.
3. Betonung und Herausstellen der positiven Wechselwirkungen und Ergänzungen der Gruppenmitglieder. Ermutigen, sich gegenseitig zu vertrauen und sich vertrauensvoll zu verhalten.

4. Konflikte in der Stormingphase als einen normalen Prozess akzeptieren und auch die Unterschiedlichkeit/Andersartigkeit der Gruppenmitglieder berücksichtigen. Integrationsfördernde Methoden nutzen, um die Abhängigkeiten der Gruppenmitglieder deutlich zu machen. Erste Anordnung der Vorgehensweisen.
5. Unterstützung der Gruppenmitglieder, sich mit dem Ziel zu identifizieren und Verantwortung für die eigenen Ziele, diejenigen der Gruppe und der Verfahrensweisen zu übernehmen. Akzeptanz und Toleranz gegenüber individuellen Strategien im Umgang mit Unsicherheit (z.B. Intuition).
6. Als Berater für die Gruppe zur Verfügung stehen, indem Ressourcen bereitgestellt werden. Dafür sorgen, dass die Gruppe effektiv arbeiten kann.
7. Das Ende der Gruppenarbeit signalisieren und Unterstützung in der Unterbringung in zukünftigen Gruppen anbieten und beraten.

Sobald sich die Gruppenzusammensetzung ändert, ist die Führungskraft gefragt, den Teamentwicklungsprozess neu zu starten. Dabei kommen auf die Führungskraft die nachstehenden Aufgaben zusätzlich hinzu: das Vorleben der Unternehmenskultur und die Erfüllung der geforderten Erwartungen an das Informations- und Gruppenverhalten.

Entscheidend ist auch die Akzeptanz von informellen Austauschaktivitäten, da sich sonst trotz Architektur (siehe Kapitel Unternehmensstruktur 3.2.2) keine Netzwerkkultur herausbilden kann.

Die Führungskraft muss in der Lage sein, in angemessenen Abständen sich und das Verhalten der Gruppe zu reflektieren. Die Beherrschung von Rollenkonflikten ist bei Führungskräften elementar wichtig. Die Unparteilichkeit der Führungskraft gegenüber den einzelnen Gruppenmitgliedern sorgt für eine entspannte Gruppenatmosphäre, Fairness und Vertrauen. Daneben muss die Führungskraft darauf achten, dass unter Unsicherheit jeder genau die Rolle ausführt, die er am besten beherrscht, denn je weniger die Gruppenmitglieder ihre individuellen Anstrengungen als essentiell in der Gruppe erachten, desto weniger effektiv wird die Gruppe sein. Dies setzt voraus, dass die Führungskraft die Kompetenzen ihrer Gruppe sehr gut kennen und einschätzen kann.

Gute Führung wird durch das Aufstellen von Normen und einer klaren Rollenverteilung erreicht.

Mesoebene: Kultur eines Unternehmens

Bei der Kultur eines Unternehmens ist besonders bei Entscheidungen unter Unsicherheit bedeutend, dass die Unternehmensvisionen und -ziele klar sind und von allen Mitarbeitern im Unternehmen getragen werden. Eine

Vertrauenskultur in Form eines Gestaltungsspielraums im Denken und Handeln und eine problemlösungsorientierte Herangehensweise prägen die Unternehmenskultur. Gegenseitige Bereichs- und ressortübergreifende Unterstützung sollte für alle Mitarbeiter selbstverständlich sein. Eine risikoorientierte Kultur, in der mehr die Chancen, als die Risiken betont werden und eine Fehler- und Lernkultur sind essentiell. Außerdem stellt das Einfordern und Geben von Feedback einen wichtigen Beitrag zur Lernkultur dar. Das Bilden und Nutzen informeller Netzwerke und das damit verbundene ganzheitlich / vernetztes Denken sind ebenfalls wichtige Einflussfaktoren.

Mesoebene: Struktur eines Unternehmens

Die Strukturen des Unternehmens sind hierarchisch aufgebaut und lassen jedoch temporäre Netzwerke zu, in denen sich Projektteams adhoc bilden können. Das Unternehmen ist durch offene Räume geprägt, in denen Mitarbeiter schnell und spontan zusammen treffen können, um sich auszutauschen. Die Strukturen ermöglichen allen Mitarbeitern eine zeitnahe persönliche Abstimmung von Sachverhalten. Die Entscheidungsträger im Unternehmen verfügen über Entscheidungsautonomie und beeinflussen damit die Unternehmensentscheidungen. Getroffene Entscheidungen im Unternehmen sind klar und nachvollziehbar. Das Unternehmen ist von demokratischen Abstimmungsprozessen, transparenter Kommunikation und geringer Administration geprägt. Das Entlohnungssystem ist leistungsgerecht und an die Bedürfnisse der Mitarbeiter angepasst. Zudem erhält jedes Gruppenmitglied eine eigene Beurteilung für seine individuelle Gruppenleistung. Die Bereitschaft für Veränderungen ist im Arbeitsvertrag verankert.

Mikroebene: Individuelle Strategien

Im Folgenden werden die individuellen Strategien vorgestellt, die aufgrund ihrer Praktikabilität untersucht werden können.

„Intuition“ als individuelle Strategie wird anhand der folgenden Items gemessen: bei Entscheidungen wird dem Bauchgefühl vertraut, Informationen werden gesammelt, auch wenn noch nicht explizit klar ist, wofür sie benötigt werden, Entscheidungen werden in ihrem unternehmerischen Gesamtkontext bearbeitet, es werden bildliche Metaphern verwendet, konsequent Informationen ausgeblendet und sich auf begrenzte Gebiete fokussiert, die bekannt sind.

Eine weitere Strategie ist das Ausprobieren und Entscheiden nach dem Prinzip „Versuch und Irrtum“ sowie die „Strategie des aktiven Abwartens“, welche sich durch die permanente Bereitschaft, auftauchende Chancen zu erkennen und in Entscheidungen mit einzubeziehen, zeigt. Bei der „Strategie des Mixed Scanning“ betrachtet der Akteur zunächst jede Alternative detailliert und bildet dann Zukunftsräume, in denen etablierte Strukturen, Prinzipien und Verfahrensweisen keine Gültigkeit haben. Bei Verwendung des „Something-Better-Ansatz“ sucht der Akteur solange er Zeit hat nach der besten Alternative, wobei der Akteur beim „Maximizer-Ansatz“ unabhängig von der Zeit umfangreiche Recherchen durchführt. Die „Strategie des Vernetzten Denkens“ umfasst die logische Vorwärts- und Rückwärtsplanung von Entscheidungsschritten, die Anwendung von Kreativitätstechniken und die Berücksichtigung zeitlicher Verzögerungen von Massnahmen. Bei der Strategie der „Vereinfachung“ werden komplexe Sachverhalte verständlich dargestellt und bei der Strategie der „Delegation“ Entscheidungen an eine kompetentere Person delegiert. Zuletzt wird die die Strategie der „Konformität und Aussitzens“ anhand zweier Items geprüft, folglich der Anpassung an die Gruppenmeinung und das Nichtentscheiden.

Mikroebene: Kompetenzen

Die Kompetenzen werden gesondert in Mitarbeiter- und Führungskompetenzen dargestellt und in Soziale, Personale und Methodenkompetenzen gegliedert.

Zu den Sozialen Kompetenzen der Mitarbeiter zählen Emphatie (sich in andere und deren Situation hineinversetzen, Gefühle sehr gut wahrnehmen und ausdrücken können), Verantwortung für Entscheidungen zu übernehmen, Kommunikations- und Konfliktfähigkeit (Selbstbewusstsein zu zeigen, was man denkt, auch wenn Andere anderer Meinung sind, Kritikfähigkeit), Aufgeschlossenheit gegenüber Neuem und Glaubwürdigkeit.

Ergänzend dazu sind die Sozialen Kompetenzen der Führungskraft in der Fähigkeit, eine Gruppe inspirieren zu können, einen respektvollen und persönlichen Zugang zu seinen Mitarbeiter zu besitzen, zu Höchstleistungen ansporen zu können, die Fähigkeiten jedes Gruppenmitglieds berücksichtigen zu können und die Werte und Normen des Unternehmens in der Gruppe vorleben zu können, zu sehen.

Personale Kompetenzen sind Zuhören, Reflexionsfähigkeit (Selbstreflexion, Bewusstsein über die Wirkung des eigenen Verhaltens auf andere Gruppenmitglieder), Engagement, konstruktiver Umgang mit Unsicherheit, Kreativität, Überzeugungsfähigkeit, Begeisterungsfähigkeit und Umsetzungsfähigkeit (positive Einstellung gegenüber Veränderungen, Flexibilität im Denken und Handeln). Hinzu muss die Führungskraft die Fähigkeit besitzen die Gruppenentscheidung reflektieren und Verantwortung dafür übernehmen zu können. Folgende methodische Kompetenzen sind besonders bei der Führungskraft gefragt: das Gruppenziel an alle Gruppenmitglieder kommunizieren zu können, für jedes einzelne

Gruppenmitglied Ziele entwickeln und die Gruppenentscheidung konsequent umsetzen zu können.

Mikroebene: Bedürfnisse

Die Bedürfnisse der Affiliation, Bestimmtheit und Kompetenz werden wie folgt operationalisiert. Das Bedürfnis nach Affiliation lässt sich über die subjektive Wichtigkeit der Unterstützung (Kooperationsverhalten) und dem Feedback (konstruktiv-kritischen Auseinandersetzung) in der Gruppe messen. Das Bedürfnis nach Bestimmtheit wird über das Planen von Handlungsschritten und dem aktiven Suchen nach Herausforderungen erfasst. Schließlich wird das Bedürfnis nach Kompetenz über die subjektive Einschätzung etwas Neues auszuprobieren und dem Streben nach sukzessiver Verbesserung operationalisiert.

Empirische Herausforderung

Es handelt sich bei dieser Dissertation um eine praktisch-orientierte Arbeit, in der die Autorin die Möglichkeit wahrnahm, realen Entscheidungssituationen beizuwohnen und ihre potenziellen Einflussfaktoren zu analysieren. Durch die Felduntersuchung war es nicht möglich, Kontrollgruppen für die Untersuchung zu gewinnen, jedoch Gruppen, die Innovationsentscheidungen vorbereiteten oder trafen.

Die abhängige Variable „Subjektive Einschätzung der Legitimität von Entscheidungen" stellt aufgrund ihrer praxisnahen Durchführung das geeignete Makrophänomen dar, da Entscheidungen grundsätzlich nur retrospektiv beurteilbar sind und sonst im Ist-Zustand nicht gemessen werden könnten. Ein weiteres mögliches Makrophänomen könnten Patentzahlen sein. Diese bilden jedoch nur eine quantitative Aussage von Innovationen und gehen für diese Untersuchung unzureichend auf die Legitimität der Entscheidung ein.

Sehr gut quantitativ erfassen lassen sich die Einflussfaktoren Unsicherheit, Kultur, Struktur, Entscheidungsprozess, Gruppennormen, Gruppenzusammensetzung und demographische Daten.

Die empirische Erfassung des Informations- und Kommunikationsverhaltens stellt aus mehreren Gründen eine große Herausforderung dar. Für eine umfassende Analyse sind Videoaufzeichnungen am Besten geeignet, in der Praxis jedoch aufgrund rechtlicher Bestimmungen zum Schutz der Privatsphäre selten durchsetzbar. Beobachtungen durch Forscher können nicht alle Elemente exakt erfassen und bei Befragungen ist das Phänomen der subjektiven Erwünschtheit nicht kontrollierbar. Das sichtbare Informations- und Kommunikationsverhalten ist zudem nur die Spitze des Eisberges.

Motive und frühere Erfahrungen von Akteuren, die ein bestimmtes Verhalten zeigen bleiben verborgen.
Die empirische Erhebung des Führungsverhaltens stellt - entsprechend dem Informations- und Kommunikationsverhalten - ebenfalls eine Herausforderung dar, weil hier beispielsweise eine sinnvolle Fremd- und Selbstbeurteilung der Führungskraft aufgrund betrieblicher Interessen nicht erwünscht ist. Diese Variable kann somit nur mittels qualitativer Erhebungsinstrumente ermittelt werden.
Die Definition der Situation durch Sprachanalyse im „Framing Modell“ war aufgrund der Vertraulichkeit von Daten hier nicht möglich, wird jedoch zu internen Untersuchungen von der Autorin empfohlen. Allerdings können durch die auf anderen Ebenen untersuchten Faktoren Rückschlüsse auf das Framing Modell gezogen werden. Es ergeben sich folgende Variablen zur Untersuchung des Framings im Entscheidungsprozess unter Unsicherheit: Bedürfnisse (physisches Wohlbefinden, soziale Wertschätzung, Motivation der Akteure) sowie soziale Normen und Rollen. Alle weiteren genannten individuellen Strategien lassen sich mittels quantitativer Erhebung ermitteln.
Aufgrund streng vertraulicher Innovationsentscheidungen, bewegt sich die Fallzahl der untersuchten Gruppen in einem Bereich, der multivariate Berechnungen nicht möglich machte und sich daher nur auf statistische Berechnungen, wie Korrelationen beschränken wird.
Ziel der nun folgenden empirischen Untersuchung ist die Überprüfung der Zusammenhänge (Logiken) und der darin enthaltenen konkreten Einflussfaktoren.

4 Empirie

In diesem Kapitel werden die verwendeten sozialwissenschaftlichen Methoden beschrieben, die zur Verifizierung des theoretischen Analysemodells dienen. Daraufhin folgt die Darstellung und Interpretation der Ergebnisse.

4.1 Methoden

Ziel dieser Dissertation ist die Identifizierung von Einflussfaktoren auf reale Entscheidungen unter Unsicherheit, die von Gruppen getroffen werden. Dabei handelt es sich um folgende Entscheidungen. Beispielsweise wählt ein Lenkungsausschuss aus einem Fundus von Ideen diejenigen aus, die das größte Potential haben in Zukunft erfolgreich zu sein. Eine weitere Entscheidung unter Unsicherheit bearbeiten die Projektteams, die jeweils eine der ausgewählten Ideen hinsichtlich ihrer betriebswirtschaftlichen Umsetzbarkeit und Marktfähigkeit treffen.
Um ein umfassendes und praxisnahes Ergebnis zu erzielen, wurden mehrere empirische Methoden zur Zielerreichung kombiniert. Da es die ideale sozialwissenschaftliche Methode nicht gibt, um das vorgestellte Erkenntnisinteresse zu analysieren, ermöglicht die Verwendung mehrerer Methoden die Betrachtung des Untersuchungsgegenstandes aus unterschiedlichen Blickwinkeln (Rosenstiel 1996, S.193), um die Schwächen einzelner Methoden zu kompensieren. Die empirische Überprüfung des aufgestellten theoretischen Modells wurde mit den Methoden der Beobachtung, der Befragung und des Interviews durchgeführt. Dabei wurden erarbeitete Inhalte aus dem theoretischen Bezugsrahmen den sozialwissenschaftlichen Erhebungsmethoden zugeordnet.

4.1.1 Beobachtung

Die Beobachtung soll Aufschluss über den Ablauf eines realen Entscheidungsprozesses, die Verhaltensweisen der Gruppe und der Individuen geben. Mit dieser Methode kann vor allen Dingen der dynamische Aspekt im Entscheidungsprozess, folglich das Informations- und Kommunikationsverhalten der Gruppe, analysiert werden.
Das Instrument der Beobachtung wird bevorzugt dort eingesetzt, wo es um die Erfassung der sozialen Konstituierung von Wirklichkeit, um Prozesse des Aushandelns von Situationsdefinitionen, um das Eindringen in ansonsten nur

schwer zugängliche Forschungsfelder geht oder wo für die Sozialforschung Neuland betreten wird (Lamnek 2005, S.548). Das Besondere an der Beobachtung ist der Einsatz in der natürlichen Lebenswelt der Akteure. Der Sozialforscher nimmt an alltäglichen Situationen der ihn interessierenden Gruppen teil und versucht durch genaue Beobachtung deren Interaktions- und Kommunikationsmuster zu explorieren und für die wissenschaftliche Auswertung zu dokumentieren (Lamnek 2005, S.548-549).

Individuelles und kollektives soziales Handeln und Verhalten tritt immer im Kontext gesellschaftlich definierter Situationen auf. Ihr Ablauf ist sowohl durch die Situation sowie durch deren subjektive Deutung und die Intentionen der Handelnden bestimmt. Die Beobachtung richtet sich folglich immer auf ein Verhalten, dem sowohl ein subjektiver Sinn als auch eine objektive soziale Bedeutung zukommt (Mayntz et al. 1974, S.87).

Während sich die sozialwissenschaftliche Methode der Befragung auf die Analyse von Einstellungen, Meinungen oder Vorstellungen fokussiert, ist sie zur Erhebung von Verhaltensweisen nur eingeschränkt in der Lage. Teilnehmer eines Forschungsprojektes können ihr eigenes Verhalten oft nur teilweise richtig beschreiben. Der Vorteil der Beobachtung liegt darin, soziales Verhalten zu dem Zeitpunkt festzuhalten, zu dem dieses tatsächlich geschieht. Der Einsatz der Beobachtung ist also unabhängig von den Fähigkeiten der Probanden, ihr Verhalten zu beschreiben (Lamnek 2005, S.552-553).

Dennoch ist die Beobachtung im Gegensatz zu anderen Erhebungsarten auch gewissen Restriktionen unterworfen. Sie ist lokal und zeitlich begrenzt, abhängig von der Bereitschaft der Probanden, unterliegt dem Aufnahmevermögen des Beobachters und den zur Verfügung und Erlaubnis stehenden Aufnahmemedien.

Je nach Ressourcen und Bedingungen wird man sich auf überschaubare, kleinere Gruppen konzentrieren müssen, die in ihrem Verhalten auf bestimmte, lokal abgegrenzte Räume reduziert sind und nur zu einem bestimmten Zeitpunkt zur Verfügung stehen. Sollen Gruppen während ihres Entscheidungsprozesses beobachtet werden, tagen sie zu bestimmten Terminen und an festgelegten Orten (Lamnek 2005, S.553-554). Dadurch erhält der Beobachter nur einen kleinen Einblick in die Realität und muss demnach seine Erkenntnisse mit retrospektiven Erzählungen, beispielsweise aus Interviews, ergänzen.

Während einer Beobachtung können nicht alle Verhaltensweisen gleichzeitig beobachtet werden. Daher wird sich oft bestimmter Aufnahmegeräte (z.B. Videokamera) bedient, die jedoch der Zustimmung der Probanden bedürfen. Daneben ist zu berücksichtigen, dass der offizielle Einsatz von

Aufzeichnungsgeräten zu einer veränderten Situation beiträgt und damit die natürliche Lebenswelt der Akteure beeinträchtigen kann.
„Gleichwohl erscheint die Beobachtung als eine basale und abgesicherte Methode, den Gegenstand der Sozialwissenschaften, nämlich soziales Handeln, methodisch kontrolliert in den Griff zu bekommen" (Lamnek 2005, S.556).
Der Beobachter muss sich strikt an die objektive Beschreibung der Situation und dann erst an deren Interpretation halten. Durch Vertrautheit der Situation können Wahrnehmungsverzerrungen auftreten, die es zu vermeiden gilt (Lamnek 2005, S.556).

In der empirischen Untersuchung von Probanden eines Unternehmens der produzierenden Industrie mit mehr als 100.000 Beschäftigten wurde auf Grundlage des theoretischen Analysemodells das Interaktions- und Kommunikationsverhalten während der Beobachtung analysiert. Dabei erschien eine nicht-teilnehmende, qualitative Beobachtung als angemessen. Jene wurde mit 15 Gruppen (Gruppenstärke zwischen drei und zehn Personen) durchgeführt, die entweder eine Entscheidung vorbereiteten oder eine Entscheidung im Beobachtungszeitraum trafen. „Nicht-teilnehmend" bedeutet in diesem Zusammenhang, dass der Gruppe bewusst ist, dass sie beobachtet wird, der Beobachter jedoch nicht im Entscheidungsprozess involviert ist (Lamnek 2005, S.558ff). Um Effekte der „sozialen Erwünschtheit" zu reduzieren, wurde die Gruppe eingangs darauf hingewiesen, dass sie sich „wie immer" verhalten solle und der Effekt ausgenutzt, dass sich die Gruppe in ihrem realen Verhalten gegenseitig kontrolliert.
Die wissenschaftliche Vorgehensweise zeichnet sich durch eine systematische Planung der Beobachtungen, der Auswahl der Gruppen und einem Beobachtungsprotokoll aus (Lamnek 2005, S.564). Innerhalb eines Zeitraumes von drei Monaten wurden Gruppen, die Entscheidungen vorbereiten bzw. treffen, ein- bzw. mehrmals beobachtet. Die freiwillige Teilnahme vorausgesetzt, konzentrierten sich alle Beobachtungen auf den theoretischen Grundlagen bezüglich des Entscheidungsablaufs (Beginn/Verlauf/Ende der Entscheidung), des Führungsverhaltens und des Gruppenverhaltens. Beim Gruppenverhalten wurde vor allem auf die Interaktion, z.B. die Präsentation von entscheidungsrelevanten Alternativen oder neuen Informationen, die Nutzung von Kreativitäts- oder Visualisierungstechniken und der Kommunikation, z.B. Nach- und Verständnisfragen, geachtet.
Das schriftliche Ereignisprotokoll dokumentierte hierbei das verbale und non-verbale Verhalten der Gruppe sowie strukturelle Merkmale der

Gruppenzusammensetzung bezüglich Anzahl und Geschlecht der Gruppenmitglieder. Die schriftliche Dokumentation sollte Erkenntnisse über die sozialen Prozesse im Verlauf einer Besprechung (Interaktionssequenzen) und unbewusste Verhaltensweisen (Unterschiede im verbalen Ausdruck und im Verhalten) hervorbringen. Das Beobachtungsprotokoll ist dem Anhang (S. 154) zu entnehmen.

4.1.2 Befragung

Ziel der Befragung war die Überprüfung des theoretischen Analysemodells und die in ihr identifizierten Einflussfaktoren. Diese Methode leistete eine subjektive Einschätzung von momentanen Wahrnehmungen und Erinnerungen an den beobachteten Entscheidungsprozess der Befragten und analysierte daher tendenziell den statischen Aspekt des Entscheidens – die Einflussfaktoren.

Die Befragung weist im Vergleich zu anderen sozialwissenschaftlichen Methoden zahlreiche Vorteile auf, die im Folgenden näher erläutert werden. Die Befragung ist finanziell und zeitlich wenig aufwändig (Dieckmann 2005, S.439; Konrad 2005, S.74), da wenig Personal zur Durchführung benötigt wird und auch geographisch weit entfernte Zielgruppen erreicht werden können. Schriftliche Befragungen werden vorgezogen, wenn keine andere Methode die notwendigen Informationen erbringt oder wenn Zeit- und Kostengründe ausschlaggebend sind. Das Argument der Zeit- und Kosteneinsparung greift vor allem dann, wenn Fragebögen online verteilt werden und ist bei homogenen Gruppen, mit geringen sprachlichen Schwierigkeiten geeignet (Konrad 2005, S.73). Die Beeinflussung durch den Interviewer ist aufgrund einer anonymen Verteilung der Fragebögen nicht gegeben (Dieckmann 2005, S.439; Konrad 2005, S.74). Den Befragten steht ausreichend Zeit zur Verfügung, um in ihrem eigenen Tempo den Fragebogen zu durchdenken (Dieckmann 2005, S.439; Konrad 2005, S.74). Bei der standardisierten Befragung ist neben der klaren Fragestellung die Formulierung und Skalierung der Antwortmöglichkeiten bzw. des Antwortformates entscheidend. Im Allgemeinen scheinen Sieben-Punkte-Skalen bezüglich der Messzuverlässigkeit und der Anzahl unentschiedener Befragter optimal zu sein (Konrad 2005, S.87). Dem widerspricht jedoch die Tatsache, dass eine mittlere Kategorie eine Ausweichmöglichkeit darstellt und daher auf diese verzichtet werden sollte (Konrad 2005, S.87). Die Fragen lassen sich in offene und geschlossene Fragen differenzieren. Bei offenen Fragen sind keine Antworten definiert und der Forscher erhält zusätzliche ungeordnete Informationen. Offene Fragen sollten immer dann gestellt werden, wenn das Erkenntnisinteresse weitgehend unbekannt ist. Im

Gegensatz dazu bieten geschlossene Fragen vorgegebene Antwortkategorien, die keine zusätzliche Information zulassen und daher bei der Auswertung einfacher zu handhaben sind.
Bei allen empirischen Untersuchungen sind die Gütekriterien der Validität und Reliabilität wichtig. Dabei bedeutet Validität die Gültigkeit der Messung, ob also die richtigen Daten gemessen wurden. Das kann über Expertenurteile und Interviews überprüft werden (Konrad 2005, S.97). Reliabilität hingegen beschreibt die Zuverlässigkeit der Methode. Diese kann durch eine Messwiederholung überprüft werden (Konrad 2005, S.99). Um die Validität und Reliabilität eines Fragebogens sicherzustellen, empfiehlt sich die Durchführung eines Pretests (Konrad 2005, S.94).
Dem stehen jedoch auch Nachteile gegenüber: so gibt es bei Verständnisproblemen des Befragten keine direkte Unterstützung durch den Forscher (Dieckmann 2005, S. 439). Daher muss der Fragebogen selbsterklärend sein, welches intensiver Vorbereitung bedarf (Dieckmann 2005, S.439). Die zu gewährleistende Anonymität geht mit einer niedrigen Rücklaufquote einher, da oft kein direkter Kontakt zwischen Forscher und Befragten hergestellt wird (Konrad 2005, S.74). Die Erhebungssituation ist nicht wie bei einem Interview kontrollierbar, da andere Personen die Antworten des Befragten beeinflussen können (Konrad 2005, S.74). Bei allen empirischen Analysen ist das Phänomen der „Sozialen Erwünschtheit" verbreitet und muss bei der Interpretation der Ergebnisse berücksichtigt werden (Schnell 1999, S.332).

Konkrete Umsetzung

Wissenschaftlich ist der in dieser Studie eingesetzte Fragebogen als ein vollstandardisierter Fragebogen (vgl. Anhang, S. 156ff) mit wenigen offenen Fragen einzuordnen, der den Befragten online in Abwesenheit des Forschers vorgelegt wurde (Konrad 2005, S.64) und Aussagen zu strukturellen und handlungstheoretischen Elementarsätzen erhob (Konrad 2005, S.65).
Die Befragung diente der Verifizierung der identifizierten Einflussfaktoren und der Überprüfung des theoretischen Analysemodells. Dazu wurden Items zu allen theoretisch identifizierten Einflussfaktoren gebildet.
Der Fragebogen umfasste einen Fragenkatalog von 180 Items und bedurfte einer Bearbeitungszeit von etwa 30-45 Minuten. Bei der Befragung bildete die „Subjektive Einschätzung der Legitimität von Entscheidungen unter Unsicherheit" die abhängige Variable, welche über vier Items abgefragt wurde: die Zufriedenheit mit dem Entscheidungsergebnis, die Zufriedenheit mit der Gruppenleistung und -atmosphäre und die Verantwortung für das Gruppenergebnis.

Die restlichen Items dienten als unabhängige Variablen und wurden in strukturelle und handlungstheoretische Merkmale sowie soziographischen Daten klassifiziert. Zu den strukturellen Merkmalen zählen Entscheidungssituation, Unternehmenskultur, Unternehmensstruktur, Personale Kompetenzen, Führungskompetenzen, Gruppennormen und Gruppenzusammensetzung. Unter den handlungstheoretischen Merkmalen sind nachfolgende Variablen zusammengefasst: Gruppenstrategie im Entscheidungsprozess, Informations- und Kommunikationsverhalten, individuelle Strategien im Umgang mit Unsicherheit und individuelle Bedürfnisse. Zu den sozialdemographischen Daten gehören Alter, Unternehmenszugehörigkeit, Beruf und Geschlecht.

Im Fragebogen wurde eine sechs-stufige ordinalskalierte Antwortskala verwendet. Die Antwortmöglichkeiten im Ordinalskalenniveau erlauben die Aufstellung einer Rangordnung, jedoch keine Bestimmung der Abstände zwischen den Rängen (Konrad 2005, S.89), sodass nur bestimmte statistische Auswertungsmethoden zulässig sind (z.B. der Median). In der Praxis wird häufig ein metrisches Skalenniveau unterstellt, um Zusammenhangsmaße, z.B. Korrelationskoeffizienten, zu berechnen.

Um die Reliabilität und Validität des Fragebogens sicher zu stellen und Nachteile der Methode zu reduzieren, wurden Pretests durchgeführt. Die Ergebnisse zeigten, dass Fragen umformuliert, gestrichen bzw. die Antwortskala teilweise angepasst und alle Fragen auf Verständlichkeit überprüft wurden. Für die meisten Fragen wurde die sechs-stufige Antwortskala mit folgenden Auswahlmöglichkeiten: (1) Trifft voll und ganz zu, (2) Trifft weitgehend zu, (3) Trifft noch zu, (4) Trifft eher nicht zu, (5) Trifft selten zu, (6) Trifft ganz und gar nicht zu, mit der zusätzlichen Option (0) Keine Aussage möglich, angewendet. Ausnahmen gab es bei den Fragen zu „Personalen Kompetenzen“ und „Führungskompetenzen“, weil hier aufgrund der geringen Erfahrungswerte eher eine Einschätzung der Kompetenzen, als deren Bewertung vorgenommen werden sollte. Diese Fragestellung vermeidet zudem ein stark verzerrtes Bild der Selbsteinschätzung der Kompetenzen. Die Antwortskala umfasste bei diesen beiden Frageblöcken: (1) Unverzichtbar, (2) Wichtig, (3) Eher wichtig, (4) Eher unwichtig, (5) Überwiegend unwichtig, (6) Absolut unwichtig, (0) Keine Aussage möglich.

Im Zeitraum von Mai bis Juli 2008 wurden 71 Mitarbeiter und Mitarbeiterinnen eines produzierenden Industrieunternehmens befragt, die im Innovationsmanagement tätig sind. Die Rücklaufquote des Fragebogens entsprach 58% (N=122, n=71) und umfasste Männer und Frauen im Alter von 29 bis 59 Jahren, welche zwischen 1 und 34 Jahren in dem untersuchten Unternehmen beschäftigt sind. Die Zielgruppe der Befragung bestand zu

90,3% aus männlichen und zu 9,7% aus weiblichen Probanden, welche der prozentualen Verteilung im Untersuchungsfeld entsprechen.
Um die Rücklaufquote so hoch wie möglich ausfallen zu lassen, wurden alle Befragten nach der Beobachtung und im Anschreiben persönlich angesprochen. Eine Erinnerungsemail nach ca. vier Wochen sorgte für einen verstärkten Rücklauf der Fragebögen. Die abhängige Variable ist in der folgenden Tabelle übersichtlich dargestellt.

abhängige Variable	• Subjektive Einschätzung der Legitimität von Entscheidungen durch: o Zufriedenheit mit Entscheidungsergebnis o Zufriedenheit mit Gruppenleistung o Zufriedenheit mit Gruppenatmosphäre o Verantwortung für Gruppenergebnis

Tabelle 3: Abhängige Variable – eigene Darstellung

Die restlichen Items dienen als unabhängige Variablen und sind in strukturelle, handlungstheoretische und soziodemographische Variablen unterteilt.

unabhängige Variablen	**Variablen**
Strukturelle Merkmale	• Entscheidungssituation • Unternehmenskultur • Unternehmensstruktur • Persönliche Kompetenzen • Führungskompetenzen • Gruppennormen • Gruppenzusammensetzung
Handlungstheoretische Merkmale	• Gruppenstrategien im Entscheidungsprozess • Informations- und Kommunikationsverhalten • Individuelle Strategien im Umgang mit Unsicherheit • Individuelle Bedürfnisse
Soziodemographische Merkmale	• Alter • Unternehmenszugehörigkeit • Beruf • Geschlecht

Tabelle 4: Unabhängige Variablen – eigene Darstellung

Ein zentrales Anliegen wissenschaftlicher Tätigkeit ist die Ermittlung von Zusammenhängen. Die meisten Hypothesen beinhalten offen oder verdeckt formulierte Annahmen über Kausalbeziehungen. Das Aufdecken solcher Kausalzusammenhänge gestattet, über das bloße Beschreiben der phänomenologischen Umwelt hinauszugehen und Erklärungen für empirische Sachverhalte anzubieten. Die Kenntnis von Zusammenhängen ermöglicht überdies Vorhersagen über zukünftige Ereignisse. Die gefundenen Zusammenhänge in den Sozialwissenschaften sind aufgrund der Messproblematik selten so hoch, dass sie vollkommene Vorhersagen treffen können. Stattdessen implizieren sie je nach ihrer Höhe unterschiedliche Grade der Vorhersagegenauigkeit. Diese Beziehungen zwischen Variablen lassen sich als stochastische Zusammenhänge bezeichnen (Rasch 2006, S.119). Das Ziel der erhobenen Daten der Befragung ist die Beschreibung von stochastischen Zusammenhängen. Damit soll die folgende Frage beantwortet werden: Welche der unabhängigen Variablen stehen in einem statistisch signifikanten und sinnvollen Zusammenhang mit der abhängigen Variablen „Subjektive Einschätzung der Legitimität von Entscheidungen unter Unsicherheit"?

Statistische Vorgehensweise

Um aus den erhobenen Daten die Einflussfaktoren auf die abhängige Variable „Subjektive Einschätzung der Legitimität von Entscheidungen unter Unsicherheit" bestimmen zu können, wurde zunächst ein Faktorwert aus den vier genannten Items gebildet. Sodann wurde mit allen unabhängigen Variablen und dem Faktorwert der abhängigen Variablen die Produkt-Moment-Korrelation nach Pearson durchgeführt. Die Produkt-Moment-Korrelation nach Pearson ist das gebräuchlichste Maß für die Stärke des Zusammenhangs zweier Variablen und drückt sich im Korrelationskoeffizienten „r" aus. Dieser stellt die Standardisierung der Kovarianz dar (maßstabsunabhängig) und bewegt sich zwischen -1 und +1 (Rasch 2006, S.125). Dabei bedeutet „-1" einen negativen und „+1" einen positiven Zusammenhang. Wenn also der Zusammenhang zwischen einer problemlösungsorientierten Kultur und der Legitimität von Entscheidungen bei einem Korrelationskoeffizienten von 0,8 liegt, so besteht ein starker positiver Zusammenhang zwischen diesen Items, da die Werte, die die Befragten angaben, entweder beide gleichzeitig steigen oder fallen. Dementsprechend haben mehrere Befragte angegeben, dass sie eine problemlösungsorientierte Kultur in ihrem Unternehmen haben und die Legitimität von Entscheidungen hoch ist oder diese Kultur nicht vorherrscht und die Legitimität von Entscheidungen niedrig ist. Bei einem negativen Zusammenhang verhalten sich zwei Items genau entgegengesetzt.

Korrelationen dürfen nicht vorschnell als Beweis für Kausalitätsbeziehungen betrachtet werden, denn die Ursache-Wirkungs-Beziehung ist dadurch noch nicht nachgewiesen (Rasch 2006, S.127). Die sogenannten Scheinkorrelation tritt auf, wenn zwei Variablen von einer dritten gemeinsamen Ursache abhängen (Rasch 2006, S.128). In Anbetracht der zu erwartenden geringen Fallzahlen der Befragung bieten Korrelationen einen wissenschaftlich wichtigen Hinweis für statistische Zusammenhänge. Merkmalszusammenhänge können positiv, negativ oder stochastisch unabhängig voneinander sein. Die im Ergebnisteil dargestellten Zusammenhänge erlauben eine grobe Klassifizierung (Rasch 2006, S.119) und werden durch das zweiseitige Signifikanzniveau von 0,01 gestützt. Das bedeutet, dass der Zusammenhang zwischen zwei Items nicht zufällig, sondern mit einer Irrtumswahrscheinlichkeit von 1% Kennzeichen der untersuchten Grundgesamtheit ist. Daher wurden für die Analyse der Korrelationen auch nur jene Ergebnisse herangezogen, die ein statistisches Signifikanzniveau von 0,01 aufwiesen.

4.1.3 Interview

Wenn Handlungen auf bewussten Entscheidungen basieren, können Forscher auch direkt nach diesen bewussten Entscheidungen fragen. Daher spielen offene Befragungen eine große Rolle (Rosenstiel 1996, S.211-212), die es dem Interviewten ermöglichen, eigene Antworten zu formulieren. Das Interview wird als eine Gesprächssituation definiert, die von den Beteiligten bewusst und gezielt hergestellt wird. Darunter ist ein planmäßiges Vorgehen mit wissenschaftlicher Zielsetzung zu verstehen, bei dem die Versuchsperson durch eine Reihe gezielter Fragen oder mitgeteilter Stimuli zu verbalen Informationen veranlasst werden soll (Lamnek 2005, S.330).
In dieser Studie wird mit den Methoden des informatorischen und analytischen Interviews geforscht. Dabei ist unter dem informatorischen Interview die deskriptive Erfassung von Tatsachen aus den Wissensbeständen des Befragten zu verstehen, der Informationen für Sachverhalte liefert, die den Forscher interessieren“ (Lamnek 2005, S.333). Insbesondere geht es hier um Informationen zum Entscheidungsprozess. Zur Erfassung sozialer Sachverhalte und struktureller Merkmale eignet sich das analytische Interview. „Der Forscher oder der Interviewer analysiert und beschreibt die Äußerungen des Befragten aufgrund theoretischer Überlegungen und Konzepte. Hier erfolgt die Analyse der Äußerungen im Interview auf der Basis theoretisch-hypothetischer Gedanken im Sinne von Hypothesenüberprüfung“ (Lamnek 2005, S.333).
Die Interviewsituation ermöglicht eine vertrauensvolle und damit offene Gesprächsatmosphäre und bietet die Möglichkeit für Interviewer und Befragten nachzufragen, was die Methoden der Beobachtung und Befragung

nicht zulassen (Lamnek 2005, S.335). In dieser empirischen Studie wurde das nicht-standardisierte Interview gewählt, um durch die offene Gesprächsatmosphäre zusätzliche Einflussfaktoren auf die Legitimität von Entscheidungen unter Unsicherheit zu gewinnen, die bisher im theoretischen Modell noch keine Berücksichtigung gefunden haben (Lamnek 2005, S.336). Ziel des nicht-standardisierten Interviews war die Exploration von Entscheidungen und die Ermittlung des Bezugssystems des Befragten (Lamnek 2005, S.342). Durch das nicht-standardisierte Interview erfährt der Forscher mehr Details darüber, was für den Befragten von Relevanz ist und kann durch die an den Gesprächsverlauf angepassten Fragen das Gespräch lenken (Lamnek 2005, S.340).

Ein nicht-standardisiertes Interview erfordert einen höheren zeitlichen Aufwand für Forscher und Interviewten, als bei einer standardisierten Befragung (Lamnek 2005, S.336) und wirft keine vergleichbaren Auswertungsmethoden auf. Die Angaben der Befragten können nur bedingt verglichen werden. Trotzdem entsteht durch das Gespräch ein geschlossenes, abgerundetes und ganzheitliches Bild vom Befragten. Existenzaussagen können formuliert und ein Typus konstruiert werden, der über den Einzelfall hinaus von gesellschaftlicher Bedeutung sein kann (Lamnek 2005, S.341).

Aus jeder beobachteten Gruppe wurde ein Teilnehmer zufällig ausgewählt und ein nicht-standardisiertes Interview von ca. einer Stunde durchgeführt. Ziel war zum Einen die Ergänzung bisher nicht beachteter Einflussfaktoren und zum Anderen die Verifizierung der Ergebnisse der Befragung. Hierbei wurde sowohl auf die momentane Entscheidungssituation als auch auf deren bisherigen Verlauf eingegangen. In diesem Fall wurden die Dynamik und Statik ebenso, wie im Fragebogen, verbunden. Zentrale Fragen des Interviews waren die subjektiv empfundenen Faktoren, die Entscheidungen unter Unsicherheit fördern bzw. behindern.

Das Gesagte wurde in einem Besprechungsprotokoll (vgl. Anhang, S. 165) festgehalten und im Anschluss nach dem theoretischen Modell kategorisiert. Hinderliche Aspekte wurden in förderliche transferiert, sodass keine Rückschlüsse auf die momentane Entscheidungssituation des Befragten möglich sind und die Anonymität gewährleistet bleibt. Die Ergebnisse der Interviews konnten dann mit den Ergebnissen der Befragung verglichen und gegebenenfalls ergänzt werden.

4.1.4 Zusammenfassung

Die Kombination der ausgewählten Methoden ermöglichte ein umfassendes und detailliertes Verständnis zur Zielerreichung dieser Dissertation und reduzierte die aufgeführten Schwächen jeder einzelnen Methode.

Die Stärken der Beobachtung lieferten wichtige neue Einblicke in den tatsächlichen Ablauf von Entscheidungen und damit verbundene gruppendynamische Aspekte zum tatsächlichen Informations- und Kommunikationsverhalten. Die Interviews gaben retrospektiv einen detaillierten Einblick in die persönliche Wahrnehmung, über den Verlauf eines Entscheidungsprozesses und der bis dahin förderlichen und hinderlichen Einflussfaktoren. Schließlich bot die standardisierte Befragung die Möglichkeit, viele Entscheidungsakteure zu befragen und das theoretische Analysemodell statistisch zu überprüfen. Tabelle 5 stellt alle drei Methoden schematisch dar.

Methode	Analyse	Dokumentation
Beobachtung	Interaktions- und Kommunikationsverhalten	Beobachtungsprotokoll
Befragung	Stochastisch signifikante Zusammenhänge zwischen abhängiger und unabhängigen Variablen	Standardisierter Fragebogen
Interview	Ergänzungen und Validierung der Daten: Was beeinflusst Entscheidungen positiv bzw. negativ? Wie kommen Akteure zu einer Entscheidung?	Besprechungsprotokoll

Tabelle 5: Übersicht der verwendeten sozialwissenschaftlichen Methoden – eigene Darstellung

4.2 Ergebnisdarstellung

Zunächst wurden alle Faktoren untersucht, die eine Korrelation mit der „Subjektiven Einschätzung der Legitimität von Entscheidungen unter Unsicherheit“ auf einem Signifikanzniveau von 0,01 aufweisen. Diese ermittelten Faktoren werden direkte Einflussfaktoren genannt.

In einem zweiten Schritt wurden die identifizierten direkten Einflussfaktoren mit allen anderen Variablen korreliert, um die indirekten Einflüsse zu identifizieren. Im Anschluss wurden die direkten und indirekten Einflussfaktoren nach strukturellen und handlungstheoretischen Merkmalen sortiert und ihre Wechselwirkungen analysiert.

Das untenstehende Schaubild (Abb.13) zeigt bereits das graphische Ergebnis für die direkten Einflussfaktoren (gestrichelte Pfeile).

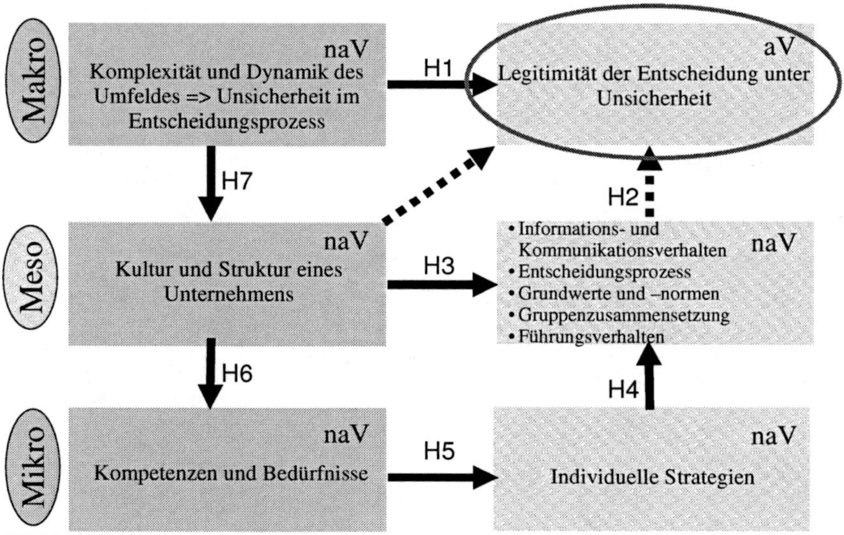

Abbildung 13: Direkte Einflussfaktoren

4.2.1 Direkte Einflussfaktoren

Die Untersuchung ergab, dass die direkten Einflussfaktoren auf die Legitimität von Entscheidungen unter Unsicherheit von der Mesoebene ausgehen (gestrichelte Pfeile). Im Einzelnen sind dies, die Gruppennormen, das Informations- und Kommunikationsverhalten, der Entscheidungsprozess, die Gruppenzusammensetzung, das Führungsverhalten, die Kultur und

Struktur eines Unternehmens. Keinen direkten Zusammenhang zeigten hingegen die Umweltbedingungen auf der Makroebene. Welche konkreten direkten Einflussfaktoren, sich je Kategorie dahinter verbergen, wird nachstehend erläutert. Zunächst wird auf das korporative Verhalten und anschließend auf die Eigenschaften eines Unternehmens eingegangen.

Gruppennormen

Die Ergebnisse des internen Fragebogens zeigten, dass die in der Tabelle 6 aufgelisteten einzelnen Gruppennormen hohe positive Korrelationen (zwischen 0,4 und 0,7) mit der abhängigen Variablen „Subjektive Einschätzung der Legitimität von Entscheidung unter Unsicherheit" aufweisen. Diese geben Rückschluss auf einen starken statistischen Zusammenhang zwischen den einzelnen Items und dem abhängigen Faktor. Da diese Variablen kategorisch zum übergeordneten Begriff „Gruppennormen" gehören, bilden letztere einen entscheidenden Einflussfaktor auf die Legitimität von Entscheidungen, der durch die Ergebnisse der Interviews gestützt wird. Aus Tabelle 6 ist erkennbar, dass die Gruppennorm „Respekt und Sympathie" den stärksten statistisch signifikanten Zusammenhang aller Gruppennormen mit der Legitimität der Entscheidung zeigt. Keine weitere Gruppennorm weist einen höheren Korrelationskoeffizienten als 0,6 auf.

Gruppennormen * Legitimität der Entscheidung	N	Signifikanz (2-seitig)	Korrelation nach Pearson
Unsere Gruppenatmosphäre ist geprägt durch gegenseitigen Respekt und Sympathie.	49	0	,697**
Gruppendiskussionen verlaufen sachlich.	49	0	,542**
Jeder in der Gruppe identifiziert sich mit den Zielen der Entscheidung.	49	0	,540**
Jeder stellt je nach Situation seine Bedürfnisse für das Erreichen des Gruppenziels zurück.	49	0	,538**
Jeder in der Gruppe bemüht sich, auftauchende Rivalitätsbeziehungen einzugrenzen.	48	0	,524**
Jeder in der Gruppe tritt für das Recht des Anderen ein.	48	0	,521**
In unserer Gruppe steht Fairness durch Transparenz von Arbeitsinhalten an erster Stelle.	49	0	,499**
Der Zusammenhalt in der Gruppe ist vollkommen ausreichend (jeder hilft dem Anderen nach Bedarf aus).	49	0	,486**
Jeder in der Gruppe ist sich über den Einfluss der eigenen Verhaltensweisen auf andere Gruppenmitglieder bewusst.	49	0,001	,455**
Erklärungen von Gruppenmitgliedern dauern so lange wie sie zum Verständnis des Sachverhaltes benötigen.	49	0,002	,437**
Wir können uns gegenseitig auf einander verlassen.	49	0,002	,425**
Jeder versucht, sein Können im Sinne der Gruppenaufgabe optimal einzubringen.	49	0,004	,406**
**. Die Korrelation ist auf dem Niveau von 0,01 (2-seitig) signifikant.			

Tabelle 6: Korrelation zwischen Gruppennormen und Legitimität der Entscheidung

Danach folgen Gruppennormen der sachlichen Kommunikation, der Identifizierung mit dem Ziel der Entscheidung, die eigenen Bedürfnisse zurück zu stellen, aufkommende Rivalitätsbeziehungen einzugrenzen, sich für Andere einzusetzen, Fairness, ausreichender Zusammenhalt, Reflexion des eigenen Verhaltens auf die Gruppe, Vertrauen und einen wirklichen Beitrag in der Gruppe leisten zu wollen.
Die Rangfolge ist allerdings noch nicht ausreichend, um ableiten zu können, dass die ersten drei Gruppennormen die am besten geeigneten für Entscheidungen unter Unsicherheit sind. Daher wurden die Korrelationen innerhalb der identifizierten Gruppennormen genauer betrachtet. Hier bestätigt sich, dass die Gruppennormen „Respekt und Sympathie“ neben der „Identifizierung mit dem Entscheidungsziel“ und „sich für andere einsetzen“ (Teamfähigkeit) mit allen anderen Gruppennormen stark korrelieren. Dicht gefolgt von den Gruppennormen „Vertrauen“ und „ausreichende Erklärungen“, die jeweils bis auf eine Gruppennorm mit allen anderen Gruppennormen zusammenhängen und damit einen hohen Einfluss ausüben.

		Gruppennormen											
Gruppennormen		Sachliche Kommunikation.	Eingrenzung von Rivalitätsbeziehungen.	Ausreichender Zusammenhalt.	**Vertrauen.**	Fairness.	Respekt und Sympathie.	**Ausreichende Erklärungen.**	Identifizierung mit dem Ziel der Entscheidung.	Reflexion des eigenen Verhaltens.	Sich für andere einsetzen.	Wirklichen Beitrag in der Gruppe leisten wollen.	Zurückstellen eigener Bedürfnisse.
Sachliche Kommunikation.	Korrelation nach Pearson	1											
	Signifikanz (2-seitig)												
	N	64											
Eingrenzung von Rivalitätsbeziehungen.	Korrelation nach Pearson		1										
	Signifikanz (2-seitig)												
	N		61										
Ausreichender Zusammenhalt.	Korrelation nach Pearson		,379**	1									
	Signifikanz (2-seitig)		0,003										
	N		61	64									
Vertrauen.	Korrelation nach Pearson		,508**	,669**	1								
	Signifikanz (2-seitig)		0	0									
	N		61	64	64								
Fairness.	Korrelation nach Pearson			,666**	,695**	1							
	Signifikanz (2-seitig)			0	0								
	N			64	64	64							
Respekt und Sympathie.	Korrelation nach Pearson	,342**	,429**	,521**	,650**	,677**	1						
	Signifikanz (2-seitig)	0,006	0,001	0	0	0							
	N	64	61	64	64	64	64						
Ausreichende Erklärungen.	Korrelation nach Pearson	,421**	,330**	,502**	,471**	,469**	,504**	1					
	Signifikanz (2-seitig)	0,001	0,009	0	0	0	0						
	N	64	61	64	64	64	64	64					
Identifizierung mit dem Ziel der Entscheidung.	Korrelation nach Pearson	,331**	,349**	,515**	,469**	,502**	,505**	,526**	1				
	Signifikanz (2-seitig)	0,008	0,006	0	0	0	0	0					
	N	64	61	64	64	64	64	64	64				
Reflexion des eigenen Verhaltens.	Korrelation nach Pearson			,399**	,442**	,443**	,481**	,483**	,524**	1			
	Signifikanz (2-seitig)			0,001	0	0	0	0	0				
	N			64	64	64	64	64	64	64			
Sich für andere einsetzen.	Korrelation nach Pearson	,388**	,519**	,556**	,631**	,544**	,439**	,626**	,570**	,593**	1		
	Signifikanz (2-seitig)	0,002	0	0	0	0	0	0	0	0			
	N	62	60	62	62	62	62	62	62	62	62		
Wirklichen Beitrag in der Gruppe leisten wollen.	Korrelation nach Pearson			,507**	,538**	,585**	,529**	,395**	,526**	,510**	,416**	1	
	Signifikanz (2-seitig)			0	0	0	0	0,001	0	0	0,001		
	N			64	64	64	64	64	64	64	62	64	
Zurückstellen eigener Bedürfnisse	Korrelation nach Pearson	,337**	,406**	,362**	,481**	,530**	,407**		,327**		,546**	,543**	1
	Signifikanz (2-seitig)	0,006	0,001	0,003	0	0	0,001		0,008		0	0	
	N	64	61	64	64	64	64		64		62	64	64

Tabelle 7: Korrelationen innerhalb der Gruppennormen

Die Ergebnisse der Interviews bestätigen die Ergebnisse des Fragebogens und ergänzen die Gruppennormen um Pünktlichkeit, Loyalität gegenüber dem Produkt und der Produktqualität, Verantwortungsbewusstsein durch personifizierte Verantwortung und rege Teilnahme der Gruppenmitglieder.

Informations- und Kommunikationsverhalten

Das Informations- und Kommunikationsverhalten stellt einen weiteren direkten Einflussfaktor auf die Legitimität der Entscheidung unter Unsicherheit dar. Hier liegen die positiven bivariaten Korrelationen mit Werten zwischen 0,4 und 0,5 etwas niedriger, als bei den Gruppennormen.

Informations- und Kommunikationsverhalten * Legitimität der Entscheidung	N	Signifikanz (2-seitig)	Korrelation nach Pearson
Es besteht Transparenz über die Erwartungen der einzelnen Rollen in der Gruppe.	49	0	,547**
Wir visualisieren unklare Sachverhalte, um ein gemeinsames Verständnis zu schaffen.	49	0,001	,475**
Informationen bzw. Ergebnisse werden in der Gruppe mit dem richtigen Detaillierungsgrad kommuniziert.	49	0,001	,457**
Wenn in der Gruppe Fehler gemacht werden, wird damit konstruktiv weiter gearbeitet.	48	0,001	,456**
Jeder in der Gruppe hört aufmerksam zu.	49	0,002	,439**
Innerhalb von Gruppendiskussion stellen wir viele Fragen, um ein gemeinsames Verständnis zu schaffen.	49	0,006	,384**
Wenn in der Gruppe Fehler gemacht werden, wird dies aktiv kommuniziert.	48	0,008	,377**
**. Die Korrelation ist auf dem Niveau von 0,01 (2-seitig) signifikant.			

Tabelle 8: Korrelation zwischen Informations- und Kommunikationsverhalten und Legitimität der Entscheidung

Die „Transparenz über die Rollenerwartung“ wurde durch Aussagen im Interview, wie *„mir ist es wichtig, dass die Erwartung, die die Gruppe und die Führungskraft, an mich stellen, ausgesprochen wird“* gestützt. Hier darf berechtigterweise die Frage aufkommen, warum dieses Item in dieser Kategorie einzuordnen ist und beispielsweise nicht bei den Gruppennormen. Das Item stellt klar auf die Handlung des Akteurs ab, die sich beim Nachfragen und in der Diskussion über die Rollen in der Gruppe zeigen sollte.

Die „Visualisierung“ von Sachverhalten konnte nur durch Daten aus den Interviews bestätigt werden. Sobald Missverständnisse auftraten, konnten diese nach kurzen Skizzen und bildhafter Sprache bzw. der Verwendung von Metaphern behoben werden.

Der „richtige Detaillierungsgrad“ ist entscheidend, um die Gruppe einerseits vor Informationsüberflutung zu schützen und andererseits so viel Informationen bereitzustellen, dass ein gemeinsames Verständnis des Zusammenhangs gewährleistet werden kann. Hierbei wurde während der Interviews deutlich, dass jedes Gruppenmitglied der Gruppe rechtzeitig kommunizieren muss, was es benötigt, um den Sachverhalt angemessen zu verstehen.

Ein „konstruktiver Umgang mit Fehlern“ ist im Umfeld des Innovationsmanagements unersetzlich. Dabei betonten die Interviewpartner vor allem das Üben konstruktiver Kritik und die Offenheit, in geschlossenen Räumen streiten zu können. Daneben war ihnen wichtig, kritische Sachverhalte offen ansprechen und diese hinterfragen zu können. Unterstützend wirkt hierbei ein beiderseitiges und schnelles Feedback. Gute Entscheidungen, werden nach Aussagen der Interviewpartner dann getroffen, wenn am Anfang Dissens vorherrscht und die Gruppe am Ende zu einem Konsens gelangt. „Aufmerksames Zuhören“ steht in einem direkten Zusammenhang zur Legitimität der Entscheidung und wurde durch die Interview- und Beobachtungsergebnisse bestätigt. Das setzt voraus, dass alle Gruppenmitglieder gewillt sind, die Anderen wirklich verstehen zu wollen, sich auf die Diskussion konzentrieren und nicht durch externe Einflüsse (z.B. Telefonate oder Tätigkeiten am Laptop) abgelenkt werden. Aufmerksames Zuhören impliziert ein „Nachfragen“ bei Verständnisschwierigkeiten. Die „aktive Kommunikation von Fehlern“ trägt dazu bei, dass diese transparent sind und daher auch nicht wiederholt werden.

Aufgrund der nicht-teilnehmenden Beobachtung trug die Analyse des Kommunikations- und Interaktionsverhaltens der Gruppen zu wichtigen Erkenntnissen bei. Ein ausgeprägtes interpersonales Verhalten sorgt für eine gemeinsame Verstehensgrundlage und leistet damit einen Beitrag zu einer höheren Legitimität von Entscheidungen. Das bedeutet, dass sich Gruppenmitglieder gegenseitig darin unterstützen, was andere gesagt bzw. mit eigenen Worten wiederholen, was sie verstanden haben. Das gegenseitige Ausreden lassen und aktive Einholen der Meinung von Gruppenmitgliedern haben sich als zentrale Verhaltensformen bestätigt. In einem Prozess der Dynamik ist die Voraussetzung für eine effiziente Gruppenbesprechung, ein örtlich und zeitlich begrenzter Rahmen, in dem Ruhe hergestellt wird, um Unsicherheiten kurzzeitig auszublenden. Eine Agenda unterstützt das strukturierte Vorgehen im Prozess. Der Fokus der Gruppendiskussion sollte außerdem problemlösungsorientiert und unternehmerisch ausgestaltet sein und die politischen Diskussionen im Unternehmen außen vorlassen.

Entscheidungsprozess

Die „Subjektive Einschätzung der Legitimität von Entscheidungen unter Unsicherheit“ wird neben den Gruppennormen sowie Informations- und Kommunikationsverhalten auch durch die nachfolgend dargestellten Faktoren des Entscheidungsprozesses beeinflusst. Tabelle 9 zeigt die bivariaten positiven Korrelationen, welche zwischen 0,3 und knapp 0,5 liegen.

Entscheidungsprozess * Legitimität der Entscheidung	N	Signifikanz (2-seitig)	Korrelation nach Pearson
Wir analysieren Randbedingungen und Konsequenzen der Ziele.	49	0,001	,450**
Die Gruppe setzt die einmal getroffene Entscheidung in die Tat um.	49	0,005	,397**
Diese Kriterien werden nach Wichtigkeit geordnet.	49	0,006	,389**
Die Gruppe kann mit unerwarteten Komplikationen umgehen.	49	0,009	,369**
**. Die Korrelation ist auf dem Niveau von 0,01 (2-seitig) signifikant.			

Tabelle 9: Korrelation zwischen Entscheidungsprozess und Legitimität der Entscheidung

Drittstärkster Einfluss innerhalb des Entscheidungsprozesses ist die Ordnung der Entscheidungskriterien nach Wichtigkeit und wurde durch die Ergebnisse der Interviews bestätigt. Die Teilnehmer äußerten zusätzlich, dass diese Kriterien klar formuliert sein müssen. Des Weiteren gaben die Befragten an, dass das gemeinsame Ziel der Entscheidung klar formuliert und der Entscheidungsprozess strukturiert sein muss sowie Ablauf- und Aufgabenlisten konsequent ein- und nachgehalten werden müssen. Eine umfassende Alternativensuche und deren Abschätzung mit vernünftigen Methoden bilden weitere Einflussfaktoren zur Steigerung der Legitimität von Entscheidungen unter Unsicherheit. Dies gilt auch für die Bedeutung und Wichtigkeit von Reflexionsbesprechungen.

Zusammensetzung der Gruppe

Einen weiteren Einflussfaktor auf Entscheidungen unter Unsicherheit stellt die Zusammensetzung der Gruppe dar. Aus den Ergebnissen der Befragung zeigte nur das Item „In unserer Gruppe gibt es diejenigen, die andere ermutigen." Einfluss auf die Legitimität von Entscheidungen.

Gruppenzusammensetzung * Legitimität der Entscheidung	N	Signifikanz (2-seitig)	Korrelation nach Pearson
In unserer Gruppe gibt es diejenigen, die andere ermutigen.	49	0	,489**
**. Die Korrelation ist auf dem Niveau von 0,01 (2-seitig) signifikant.			

Tabelle 10: Korrelation zwischen Gruppenzusammensetzung und Legitimität der Entscheidung

Dafür lieferten die Interviews nachfolgende Ergebnisse. Da sich bei Entscheidungen unter Unsicherheit die Situation bzw. Ausrichtung der Entscheidung weiterentwickelt, muss rechtzeitig kommuniziert werden, welche Kompetenzen benötigt werden. Ohne jedoch die Gruppe fortlaufend zu vergrößern, sollten nur so wenige Gruppenmitglieder wie nötig involviert sein. Demzufolge ist eine ständige Anpassung notwendig. In der Gruppe sollten Kreative und Gestalter vertreten sein, die sich nach Alter, Geschlecht und Erfahrung differenzieren. Die Beobachtung hat gezeigt, dass die Gruppe weitestgehend hierarchiefrei zusammengesetzt sein muss, um einen offenen Austausch zu fördern. Ist dies nicht möglich, muss zumindest eine hierarchiefreie Atmosphäre sichergestellt werden. Außerdem sorgt ein neutraler Moderator gerade in schwierigen Kommunikationssituationen für Struktur und Sachlichkeit während des Entscheidungsprozesses. Grundsätzlich ist es wichtig, dass die Rollen der Gruppenmitglieder klar formuliert und die Grenzen des Kompetenzbereichs zu anderen Gruppenmitgliedern deutlich abgegrenzt sind. Durch die Dynamik und

Komplexität im Laufe des gesamten Entscheidungsprozesses stellt das jedoch gerade in einer unsicheren Entscheidungssituation eine Herausforderung dar.

Unternehmenskultur

Items der Unternehmenskultur zeigen signifikante bivariate Korrelationen mit der abhängigen Variablen „Legitimität der Entscheidung unter Unsicherheit". Dabei liegen die statistischen Zusammenhangswerte bei 0,4, also deutlich geringer als bei den zuvor beschriebenen direkten Einflussfaktoren. Tabelle 11 zeigt, dass eine Unternehmenskultur, in der das Lernen, eine problemlösungsorientierte Arbeitsweise, gemeinsam getragene Unternehmensziele, Risikobereitschaft und ganzheitlich vernetzte Denk- und Handlungsansätze vorherrschen, für eine hohe Legitimität von Entscheidungen unter Unsicherheit unverzichtbar sind. Die geringen Korrelationswerte können auch dadurch zu Stande gekommen sein, dass die Unternehmenskultur, wie im theoretischen Modell dargestellt, über das Handeln korporativer Akteure, sprich über die Gruppennormen, das Informations- und Kommunikationsverhalten, den Entscheidungsprozess und die Gruppenzusammensetzung, die abhängige Variable beeinflussen.

Unternehmenskultur * Legitimität der Entscheidung	N	Signifikanz (2-seitig)	Korrelation nach Pearson
Wir sind immer bereit, etwas dazu zu lernen.	49	0,001	,449**
Wir arbeiten problemlösungsorientiert.	49	0,001	,443**
Die Unternehmensziele werden von allen in meinem Umfeld gemeinsam getragen.	48	0,004	,403**
Wir sind risikobereit.	49	0,008	,377**
Wir arbeiten und denken ganzheitlich / vernetzt.	49	0,008	,375**
**. Die Korrelation ist auf dem Niveau von 0,01 (2-seitig) signifikant.			

Tabelle 11: Korrelation zwischen Unternehmenskultur und Legitimität der Entscheidung

Im Interview wurde bestätigt, dass ein ressortübergreifendes, gemeinsames Arbeiten im Netzwerk für die Legitimität von Entscheidungen wichtig ist. Durch diese Kultur wird die schnelle Bildung temporärer Gruppen unterstützt. Um sich auf Risiken und damit die Möglichkeit, Fehler zu machen, einzulassen, sehen die Interviewpartner eine Vertrauenskultur als essentiell an (Ergebnis Interview). Im Fragebogen wurde die Vertrauenskultur über das Item „Wir haben in unserer Arbeit einen Gestaltungsspielraum, das bedeutet Freiraum zum Denken und Handeln" geprüft. Allerdings wies die Analyse keine signifikante Korrelation auf. Es hat sich allerdings bereits über die Gruppennormen gezeigt, dass Vertrauen ein wichtiger Einflussfaktor ist.

Unternehmensstruktur

Schließlich zeigte die Unternehmensstruktur bei der bivariaten Korrelationsanalyse signifikante positive Korrelationen mit der abhängigen Variablen auf, welche zwischen 0,4 und 0,5 liegen und damit einen etwas stärkeren Einfluss, als die Unternehmenskultur auf die Legitimität von Entscheidungen hat.

Unternehmensstruktur * Legitimität der Entscheidung	N	Signifikanz (2-seitig)	Korrelation nach Pearson
Das Unternehmen ist geprägt durch transparente Kommunikation.	48	0	,490**
Getroffene Entscheidungen im Unternehmen sind klar.	48	0,001	,481**
Das Entlohnungssystem ist leistungsgerecht.	48	0,001	,462**
Im Unternehmen gibt es nur so viel Administration wie nötig.	49	0,004	,401**
**. Die Korrelation ist auf dem Niveau von 0,01 (2-seitig) signifikant.			

Tabelle 12: Korrelation zwischen Unternehmensstruktur und Legitimität der Entscheidung

Den stärksten Zusammenhang zwischen Unternehmenskultur und Legitimität der Entscheidung zeigt das Item „Transparente Kommunikation“, welche durch die Interviewergebnisse bestätigt wurde. Hier haben die Teilnehmer die Transparenz über die Entscheidungsvorbereitung und deren Konsequenzen als auch zugängliche, transparente Informationsbereitstellung sowie Nutzung und Bearbeitung gemeinsamer Informationssysteme und die Transparenz über die Ziele und Visionen der Unternehmensleitung. als besonders wichtig hervorgehoben.

Das Item „Getroffene Entscheidungen im Unternehmen sind klar“ beeinflusst ebenfalls die Legitimität von Entscheidungen. Das kann durch kurze Abstimmungsrunden über Gremien mit gehaltvollen Entscheidungsaussagen und konstruktives Infragestellen von Gremienmeinungen realisiert werden.

Die Verbesserung der Legitimität von Entscheidungen wird maßgeblich vom Entlohnungssystem beeinflusst, welches, wie der statistische Zusammenhang zeigt, leistungsgerecht sein sollte. Ergänzend gehören hierzu eine langfristige Stellenbesetzung im Innovationsmanagement, die fachliche Kompetenz als Beurteilungsgrund sowie angepasste Beurteilungs- und Anreizsysteme an die Ziele und Arbeitsleistungen im Innovationsmanagement (Ergebnisse Interview).

Eine niedrige Administration fördert das schnelle Umsetzen von Entscheidungen. Durch die Interviewergebnisse lässt sich hier Folgendes ergänzen. Voraussetzung für eine niedrige Administration sind eindeutige Regelungen der Funktionen im Unternehmen (verankerte Zuständigkeiten) und eine klare Aufgabenverteilung. Die Kooperation gegenüber Fachbereichen und synchrone Mitarbeiter- und Projektziele sind weitere entscheidende Einflussfaktoren.

Führungsverhalten

Wie die Ergebnisse aus den Beobachtungen und Interviews zeigten, spielt das Führungsverhalten eine entscheidende Rolle. Die Legitimität von Entscheidungen unter Unsicherheit hängt u.a. von dem Verhalten der Führungskraft ab, an dem sich die Gruppenmitglieder orientieren. Folgende Einflussfaktoren konnten identifiziert werden:

Die Führungskraft ist überdurchschnittlich stark und frühzeitig in den Prozess involviert und begleitet die Gruppe über den gesamten Entscheidungsprozess. Sie hat den Freiraum, die Gruppe selbstverantwortlich zusammenzustellen.

Die Führungskraft ist immer auf dem aktuellen Stand und konzentriert sich im Entscheidungsprozess auf das Wesentliche. Sie bietet den Gruppen nach Innen Orientierung und Unterstützung bei Problemen an und bildet nach Außen deren „Rückgrat" (steht hinter der Gruppe). Die Führungskraft stellt die notwendigen Ressourcen sicher und ist insbesondere in schwierigen Situationen sehr wertschätzend. Sie verfolgt das Interesse entscheidungsrelevante Sachverhalte ernsthaft tiefgründig verstehen zu wollen. Dabei muss die Führungskraft in der Lage sein, Unsicherheiten auszuhalten und Geduld aufbringen bis sich die Gruppe selbst organisiert hat. Hierbei ist es wichtig, die Balance zwischen dem Führen der Gruppe und dem Zulassen der Gruppendynamik zu finden. Die formelle und informelle Führung sollte in einer Person vereinigt sein, um zusätzlichen Führungskonflikt aus dem Weg zu gehen. Da sich die Gruppenzusammensetzung während des Entscheidungsprozesses verändern kann, ist eine angemessene Teamentwicklungsmaßnahme, die durch die Führungskraft gesteuert wird, zielführend. Die Führungskraft übernimmt die Verantwortung für die konsequente Umsetzung der getroffenen Entscheidung.

Nachdem nun die direkten Einflussfaktoren auf die subjektive Einschätzung von Entscheidungen unter Unsicherheit detailliert beschrieben sind, wird im Folgenden auf die indirekten Einflussfaktoren eingegangen.

4.2.2 Indirekte Einflussfaktoren

Alle anderen Items auf der Mikroebene wiesen keine bivariaten Korrelationen mit der abhängigen Variablen „Subjektive Einschätzung der Legitimität von Entscheidung unter Unsicherheit" auf. Daher wurden alle identifizierten direkten Einflussfaktoren mit den restlichen Items der Mikroebene (individuelle Strategien, Kompetenzen und Bedürfnisse) korreliert, um die indirekten Einflussfaktoren auf die abhängige Variable zu bestimmen, welche im Folgenden mit gestrichelten Pfeilen gekennzeichnet sind (Abb. 14).

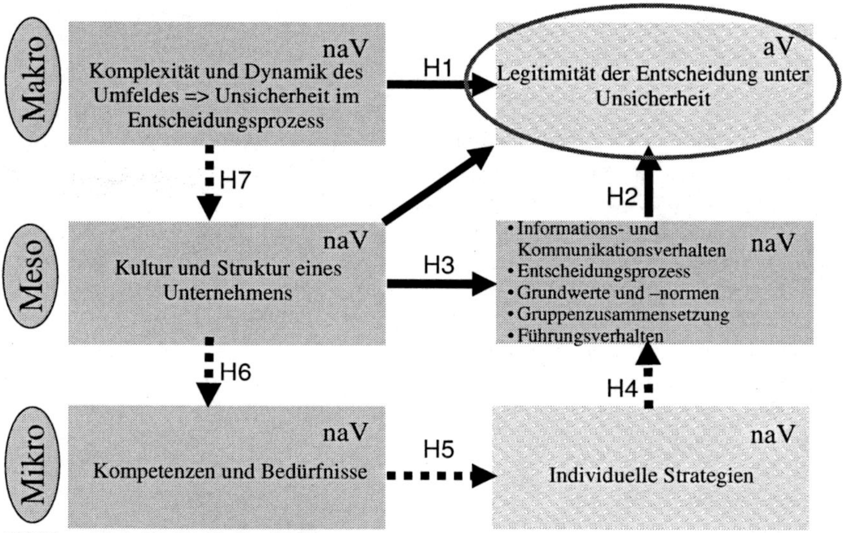

Abbildung 14: Indirekte Einflussfaktoren

Das Ergebnis der Analyse der indirekten Einflussfaktoren zeigte, dass individuelle Strategien, Kompetenzen und Bedürfnisse die indirekten Einflussfaktoren auf die Legitimität von Entscheidungen unter Unsicherheit bilden. Diese Faktoren sind demnach als Voraussetzungen für die direkten Einflussfaktoren zu betrachten. Außerdem gibt es Wechselwirkungen zwischen den individuellen Strategien, der Unternehmenskultur und allen identifizierten direkten Einflussfaktoren. Die empirische Erhebung bestätigte das theoretische Modell dahingehend, dass zwischen Kompetenzen und Informations- und Kommunikationsverhalten, der Gruppenzusammensetzung, dem Entscheidungsprozess und den Gruppennormen keine direkten Zusammenhänge bestehen. Allerdings zeigen die Ergebnisse auch, dass die Kompetenzen von der Unternehmenskultur stochastisch unabhängig sind; jedoch ein geringer Zusammenhang zwischen Unternehmenskultur und Bedürfnissen besteht. Die weitere Analyse ergab keine statistisch relevanten Zusammenhänge zwischen Bedürfnissen und der Mesoebene (Entscheidungsprozess, Gruppennormen, Gruppenzusammensetzung, Informations- und Kommunikationsverhalten und Unternehmensstruktur). Im Folgenden wird nun näher auf die einzelnen Items eingegangen.

Individuelle Strategien

Bezüglich der individuellen Strategien zeigte die Analyse zahlreiche statistisch signifikante Zusammenhänge, die in Tabelle 13 zusammengefasst dargestellt sind. In der linken Spalte der Tabelle sind die individuellen Strategien aufgelistet, die mit den direkten Einflussfaktoren in der rechten Spalte statistisch signifikant korrelieren. In der rechten Spalte sind die Anzahl der jeweiligen Items in Klammern angegeben. So weisen vier von sieben identifizierten Einflussfaktoren des Informations- und Kommunikationsverhaltens einen statistisch signifikanten Zusammenhang mit der individuellen Strategie „In permanenter Bereitschaft zu sein, auftauchende Chancen zu erkennen". Ebenso korrelieren fünf von zwölf identifizierten Gruppennormen mit dieser Strategie.

Wie aus Tabelle 13 ersichtlich, sind neun Items indirekte Einflussfaktoren auf die Legitimität von Entscheidungen unter Unsicherheit, die den folgenden Strategien zugeordnet werden:

- Vernetztes Denken durch „Vorwärts- und Rückwärtsplanung", der „Berücksichtigung zeitlicher Verzögerungen von Maßnahmen", „Anwendung von Kreativitätstechniken und bildlichen Metaphern" sowie der „Bearbeitung von Entscheidungen in ihrem unternehmerischen Gesamtkontext",
- Vereinfachung durch „Reduzierung von Komplexität",
- Aktives Warten durch „Ich bin in permanenter Bereitschaft, auftauchende Chancen zu erkennen und in Entscheidungen einzubeziehen" und
- Mixed Scanning durch „Ich bilde Zukunftsräume, in denen etablierte Strukturen, Prinzipien und Verfahrensweisen keine Gültigkeit haben, um zu neuen Lösungen zu gelangen."

individuelle Strategie	Item	Korrelation mit direktem Einflussfaktor ...
Aktives Warten	Ich bin in permanenter Bereitschaft, auftauchende Chancen zu erkennen und in Entscheidungen einzubeziehen.	• Informations- und Kommunikationsverhalten (4x) • Gruppennormen (5x)
Vereinfachung	Ich vereinfache komplexe Sachverhalte, um sie zu verstehen.	• Informations- und Kommunikationsverhalten (4x) • Gruppenzusammensetzung (2x) • Gruppennormen (1x) • Unternehmenskultur (1x)
Vernetztes Denken	Ich berücksichtige die zeitlichen Verzögerungen von Maßnahmen.	• Informations- und Kommunikationsverhalten (3x) • Gruppenzusammensetzung (1x) • Gruppennormen (3x)
	Ich bediene mich geeigneter Kreativitätstechniken während einer Entscheidung.	• Gruppenzusammensetzung (2x) • Gruppennormen (1x) • Unternehmenskultur (1x)
	Ich verwende bei meinen Erklärungen bildliche Metaphern.	• Gruppenzusammensetzung (1x) • Gruppennormen (1x) • Unternehmenskultur (1x)
	Ich plane vom Ziel aus meine Entscheidungsschritte rückwärts.	• Informations- und Kommunikationsverhalten (1x)
	Ich plane meine Entscheidungen logisch aufbauend, von jetzt bis zum Ziel.	• Entscheidungsprozess (1x)
	Ich bearbeite Entscheidungen in ihrem unternehmerischen Gesamtkontext.	• Unternehmenskultur (1x)
Mixed Scanning	Ich bilde Zukunftsräume, in denen etablierte Strukturen, Prinzipien und Verfahrensweisen keine Gültigkeit haben, um zu neuen Lösungen zu gelangen.	• Gruppenzusammensetzung (1x)

Tabelle 13: Korrelation zwischen individuellen Strategien und allen direkten Einflussfaktoren

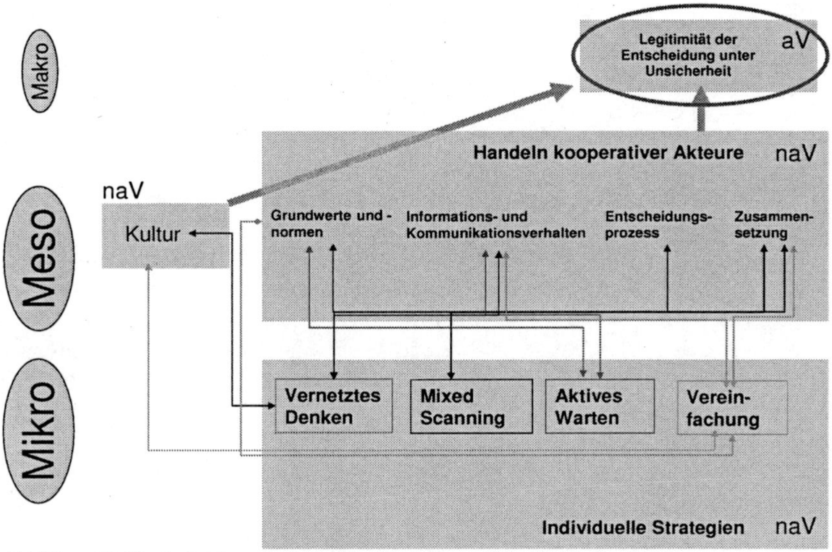

Abbildung 15: Wechselwirkung individueller Strategien auf direkte Einflussfaktoren

Die Abbildung 15 veranschaulicht die unterschiedlichen Zusammenhänge zwischen den identifizierten direkten Einflussfaktoren und den individuellen Strategien. Dabei wird deutlich, dass die Strategie des „vernetzten Denkens" von den meisten Variablen beeinflusst wird.

Kompetenzen der Gruppenmitglieder

In einem nächsten Schritt wurden die Kompetenzen, die die Befragten nach ihrer Wichtigkeit bewerten sollten, mit den identifizierten individuellen Strategien korreliert, um eine Antwort auf die Frage zu erhalten: welche Kompetenzen für die Fähigkeit der identifizierten individuellen Strategien unter Unsicherheit maßgeblich sind.

Grundsätzlich erachteten 63,2% der Befragten die Kompetenz „Verantwortung für das Treffen von Entscheidungen zu übernehmen" als unverzichtbar. Danach erst stuften sie „Glaubwürdigkeit" (55,9%), „Aufgeschlossenheit gegenüber Neuem" (54,4%) und „konstruktiver Umgang mit Unsicherheit" (50%) als unverzichtbare Kompetenz bei Entscheidungen unter Unsicherheit ein. Dieses Ergebnis spiegelt die bisher identifizierten Zusammenhänge sehr gut wieder.

Für die Strategie des vernetzten Denkens zeigten folgende Kompetenzen positive signifikante Korrelationen: Selbstreflexion, Bewusstsein über die Wirkung des eigenen Verhaltens auf andere Gruppenmitglieder,

Kritikfähigkeit, Emotionale Kompetenz, lebenslanges Lernen, Flexibilität im Denken und Handeln sowie Begeisterungs- und Überzeugungsfähigkeit.
Für die individuelle Strategie der Vereinfachung zeigte die Korrelation mit den Kompetenzen keinen statistisch signifikanten Zusammenhang. Daraus folgt, dass es für die Wahl dieser Strategie keiner besonderen Kompetenz bedarf.
Für die Strategie des „Aktiven Wartens" korrelierte nur die Kompetenz der „Glaubwürdigkeit" statistisch signifikant. Dieser Zusammenhang ist nachvollziehbar, da ein Abwarten auch schnell als „sich vor dem Problem drücken" bzw. „Aussitzen einer Entscheidung" fehlinterpretiert werden kann.
Schließlich erfordert die „Strategie des Mixed Scanning" die Kompetenzen Selbstreflexion, Bewusstsein über die Wirkung des eigenen Verhaltens auf andere Gruppenmitglieder und Begeisterungsfähigkeit. Die statistischen Maßzahlen sind dem Anhang zu entnehmen (Abb. 20).
Umfangreiche methodische Kenntnisse, Kreativität, Eigeninitiative und konstruktiver Umgang mit Veränderung ergänzen die Ergebnisse aus den Interviews.

Führungskompetenzen
In Ergänzung zu den genannten Kompetenzen bedarf eine Führungskraft in erster Linie bei der Umsetzung der Strategie des Vernetzten Denkens die Fähigkeiten, die Gruppe inspirieren zu können, die Werte und Normen des Unternehmens bzw. der Organisation vorzuleben und Gruppenentscheidungen konsequent umzusetzen. Jene eben genannten Kompetenzen zeigten statistisch signifikante Zusammenhänge mit der Strategie des Vernetzten Denkens (Ergebnisse Fragebogen, Tabelle 17 im Anhang). Als unverzichtbare Führungskompetenzen bewerteten die Befragten „die Kommunikation des Gruppenziels" (65,6%), einen „respektvollen und persönlichen Zugang zur Gruppe" (57,4%), dass „sich die Führungskraft an den Ergebnissen der Entscheidung messen lassen muss" (47%) sowie die Fähigkeit „Gruppenentscheidungen konsequent umzusetzen" (44,3%).
Aus den Aussagen der Interviews zum Führungsverhalten lassen sich die folgenden Führungskompetenzen ableiten und zusammenfassen: Direktheit und Ehrlichkeit, emotionale Intelligenz, Willen und Bereitschaft, den Sachverhalt wirklich zu verstehen, Aufmerksamkeit und die Fähigkeit, Wertschätzung zu artikulieren.

Bedürfnisse
Im Folgenden wurden auch die Bedürfnisse mit allen Einflussfaktoren auf der Meso- (Informations- und Kommunikationsverhalten, Entscheidungsprozess,

Gruppennormen, Gruppenzusammensetzung und Struktur) und Mikroebene (individuelle Kompetenzen) auf bivariate Korrelationen hin geprüft.
Aus den Ergebnissen des Fragebogens ging hervor, dass 56,9% der Befragten das Bedürfnis nach sukzessiver Verbesserung, 50,8% das Bedürfnis nach Kooperation und 47,7% das Bedürfnis nach konstruktiv-kritischer Auseinandersetzung haben. Diese Ergebnisse zeigen einerseits, dass das Streben nach individueller Leistungsverbesserung höher ist als das Bedürfnis zu kooperieren bzw. sich zu reflektieren und bestätigen andererseits den direkten Einflussfaktor der bereits erwähnten Lernkultur.
Tabelle 14 zeigt die statistisch signifikanten Zusammenhänge zwischen den identifizierten individuellen Strategien und den Bedürfnissen der Befragten. Es ist deutlich zu erkennen, auf welche Art die individuellen Strategien von den Bedürfnissen beeinflusst werden (Abb. 16).

Bedürfnis * individuelle Strategie	N	Signifikanz (2-seitig)	Korrelation nach Pearson
... sich immer neue Herausforderungen ergeben * Ich bilde Zukunftsräume, in denen etablierte Strukturen, Prinzipien und Verfahrensweisen keine Gültigkeit haben, um zu neuen Lösungen zu gelangen.	65	0,005	,342**
... sich immer neue Herausforderungen ergeben * Ich bediene mich geeigneter Kreativitätstechniken während einer Entscheidung.	64	0,001	,413**
... ich hin und wieder etwas Neues ausprobiere (z.B. etwas Neues esse, ein neues Buch lese, eine neue Sportart ausprobiere) * Ich bediene mich geeigneter Kreativitätstechniken während einer Entscheidung.	63	0	,495**
... wir in der Gruppe kooperieren * Ich berücksichtige die zeitlichen Verzögerungen von Maßnahmen.	64	0,002	,374**
... ich von anderen in meinen Entscheidungen unterstützt werde * Ich plane meine Entscheidungsschritte logisch aufeinander aufbauend von jetzt bis zum Ziel.	65	0	,447**
**. Die Korrelation ist auf dem Niveau von 0,01 (2-seitig) signifikant.			

Tabelle 14: Korrelation zwischen Bedürfnis und individuellen Strategien

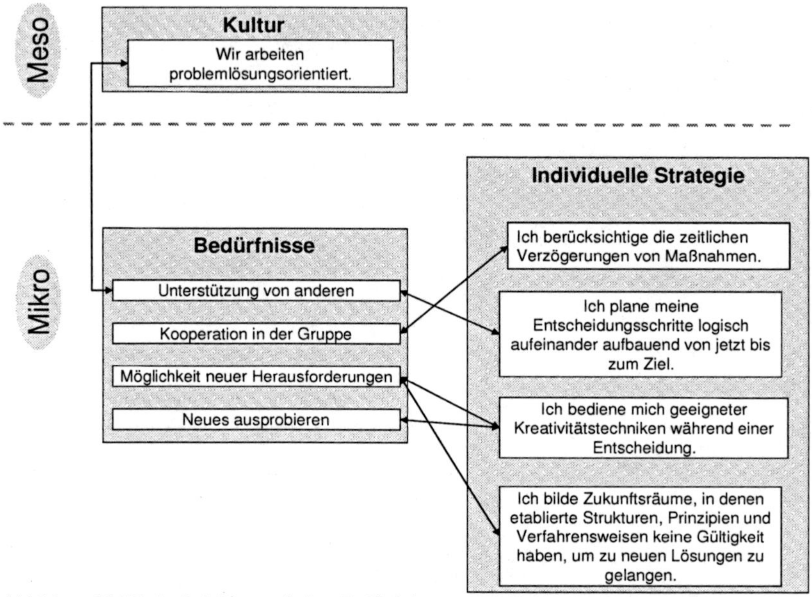

Abbildung 16: Wechselwirkung zwischen Bedürfnissen und individuellen Strategien/Kultur

Anschließend wurden die Items, die zur Kategorie „Bedürfnisse“ gehören, mit den identifizierten Einflussfaktoren der Unternehmenskultur korreliert. Dabei ergab sich eine statistisch signifikante Korrelation zwischen dem Bedürfnis nach Kooperation und der problemlösungsorientierten Unternehmenskultur (Tabelle 15). Dieser Zusammenhang wird mit dem Ergebnis aus den Interviews bestätigt, in denen die Befragten die Bedeutung der Anerkennung ihrer fachlichen Expertise und eines konstruktiven Umgang mit Unsicherheit, äußerten.

Bedürfnis * Unternehmenskultur	N	Signifikanz (2-seitig)	Korrelation nach Pearson
... ich von anderen in meinen Entscheidungen unterstützt werde * wir arbeiten problemlösungsorientiert	65	0,003	,368**
**. Die Korrelation ist auf dem Niveau von 0,01 (2-seitig) signifikant.			

Tabelle 15: Korrelation zwischen Bedürfnis und Unternehmenskultur

Das theoretische Modell zeigt nach Überprüfung der direkten und indirekten Einflussfaktoren neue Zusammenhänge, die in der Abbildung 17 durch zusätzliche Pfeile dargestellt sind. Alle Hypothesen bis auf H1 konnten bestätigt werden.

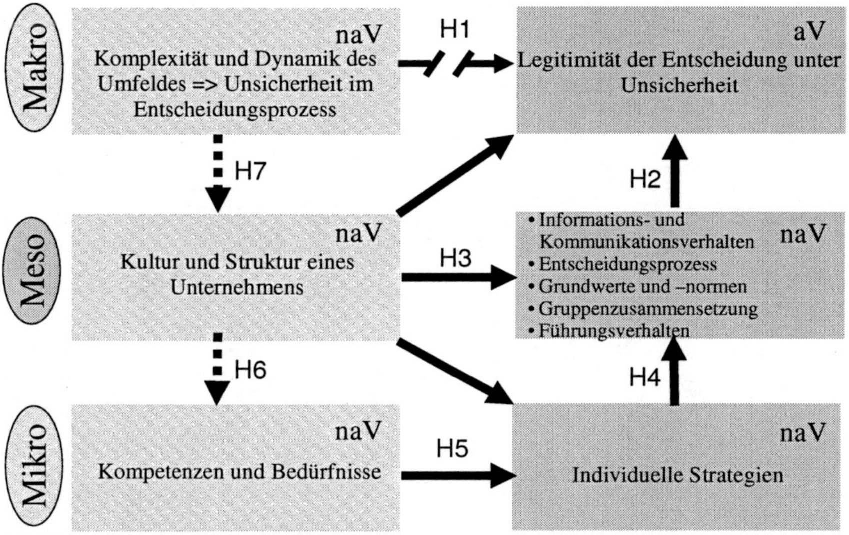

Abbildung 17: Angepasstes Analysemodell

Im Folgenden wurden die gesamten direkten und indirekten Einflussfaktoren auf ihre Wechselwirkung hin untersucht. Dabei wurde auf die wichtigen Abhängigkeiten zwischen Struktur und Handlung eingegangen, um die systemischen Zusammenhänge von Entscheidungen deutlich zu machen.

4.2.3 Wechselwirkungen zwischen Handlung und Struktur

Nachfolgend wurden alle identifizierten direkten und indirekten Einflussfaktoren der Variablen nach handlungstheoretischen und strukturellen Merkmalen sortiert. Unter handlungstheoretischen Merkmalen sind Entscheidungsprozess, Informations- und Kommunikationsverhalten sowie individuelle Strategien zu verstehen. Hingegen werden Unternehmenskultur und -struktur, Gruppennormen und die Gruppenzusammensetzung als strukturelle Merkmale betrachtet (Tabelle 16). Ziel dieses Kapitels ist es, bestehende Interdependenzen zwischen den handlungstheoretischen und strukturellen Merkmalen aufzuzeigen.

Einteilung	Variablen
Handlungstheoretische Merkmale	• Entscheidungsprozess • Informations- und Kommunikationsverhalten • Individuelle Strategien
Strukturelle Merkmale	• Unternehmenskultur • Unternehmensstruktur • Gruppennormen • Gruppenzusammensetzung

Tabelle 16: Einteilung in strukturelle und handlungstheoretische Merkmale

Dabei wurde jedes handlungstheoretische Merkmal mit allen strukturellen Merkmalen analysiert und bewertet.

Interdependenzen der direkten und indirekten Einflussfaktoren			Strukturelle Merkmale: Kultur			Struktur			Gruppennormen												GZ
			problemlösungsorientierte Kultur	Lernkultur	risikobereite Kultur	transparente Kommunikation	leistungsgerechtes Entlohnungssystem	wenig Administration	Courage / Mut für das Recht anderer einzustehen	Vertrauen	Eingrenzen von Rivalitäten	Fairness	Respekt und Sympathie	Identifikation mit dem Ziel	eigenes Können optimieren	ausreichende Erklärungen	Reflexion des eigenen Verhaltens	Bedürfnisse zurückstellen	Gruppendiskussionen verlaufen sachlich	ausreichender Zusammenhalt	Gruppenmitglieder, die andere ermutigen
Handlungstheoretische Merkmale	Ent-scheidungs-prozess	Randbedingungen und Konsequenzen von Zielen analysieren	X	X		X	X		X	X		X	X	X					X		X
		mit unerwarteten Komplikationen umgehen				X			X	X	X	X		X	X	X	X	X		X	
		Kriterien nach Wichtigkeit ordnen					X			X		X									X
		Umsetzung der einmal getroffenen Entscheidung							X	X	X	X	X	X	X	X	X	X		X	
	Informations- und Kommunikations-verhalten	Visualisierung von Sachverhalten	X			X			X	X		X	X	X	X	X		X	X		X
		richtiger Detaillierungsgrad von Informationen	X			X	X	X	X	X		X	X	X	X					X	X
		konstruktive Zusammenarbeit nach Fehlern	X			X			X	X		X	X	X	X	X	X	X		X	
		aufmerksames Zuhören	X			X		X	X	X		X	X	X	X	X	X	X		X	
		aktive Kommunikation von Fehlern	X			X			X	X	X	X	X	X	X	X	X	X		X	
		Transparenz über Rollenerwartungen				X	X		X	X		X	X	X	X	X	X				X
		viele Fragen stellen für ein gemeinsames Verständnis				X			X	X		X	X	X	X	X	X		X		
	individuelle Strategien	Vorwärtsplanung						X													
		Verwendung bildlicher Methaphern	X			X		X										X			X
		Nutzung von Kreativitätstechniken									X										
		Berücksichtigung zeitlicher Verzögerungen						X						X	X			X			X
		unternehmerisch Gesamtkontext denken und handeln			X																
		Vereinfachung komplexer Sachverhalte		X		X									X						X
		Aktives Warten							X				X	X		X	X				
		Mixed Scanning																			X

Abbildung 18: Interdependenzen zwischen Handlung und Struktur

Die Übersicht zeigt, dass eine Unternehmenskultur, in der problemlösungsorientiert gearbeitet wird, in der Vertrauen besteht, Risiken einzugehen und die lernfähig ist, wichtige strukturelle Merkmale für die identifizierten direkten und indirekten Einflussfaktoren sind. Ferner sind eine transparente Kommunikation von Entscheidungen, ein leistungsgerechtes

Entlohnungssystem und geringe Administration für den Entscheidungsprozess, das Informations- und Kommunikationsverhalten und der Anwendung individueller erfolgreicher Strategien unverzichtbare Voraussetzungen. Die aufgelisteten Gruppennormen bieten die notwendige Orientierung und Sicherheit, die allerdings nur durch Wiederholung von Verhaltensweisen aufrechterhalten werden kann. Schließlich zeigt sich, dass Gruppenmitglieder, die andere ermutigen können, Einfluss auf alle drei handlungstheoretischen Merkmale aufweisen.
Nachfolgend werden die Ergebnisse detailliert dargestellt und zunächst alle identifizierten Einflussfaktoren des Entscheidungsverhaltens mit den strukturellen Merkmalen korreliert. In Klammern werden jeweils die Korrelationswerte angegeben, welche im Anhang nachzulesen sind.

Entscheidungsprozess

Die Befragung zeigte, dass sowohl eine problemlösungsorientierte (,413**), als auch eine Lernkultur (,320**), Einfluss auf das Verhalten der Gruppe, „Randbedingungen und Konsequenzen der Ziele zu analysieren“, hat. Dieses Verhalten wird ebenfalls von zwei Merkmalen der Unternehmensstruktur beeinflusst: transparente Kommunikation (,331**) und leistungsgerechtes Entlohnungssystem (,368**). Gerade unter wechselnden Randbedingungen des Umfelds ist die Analyse von Randbedingungen und Konsequenzen von Entscheidungszielen bedeutend. Daher sollten jene Akteure immer auf dem aktuellen Stand von Informationen sein, welche besonders durch eine transparente Kommunikation im Unternehmen gefördert wird.
Im Folgenden bestehen weitere Zusammenhänge zwischen dem strukturellen Aspekt der „transparenten Kommunikation“ und dem Verhalten der Gruppe „mit untererwarteten Komplikationen umzugehen“ (,325**), und zwischen dem „leistungsgerechten Entlohnungssystem“, welches das Verhalten in der Gruppe, die „Kriterien nach Wichtigkeit zu ordnen“ (,395**) beeinflusst. Es zeigt sich demnach, dass sich die strukturellen Faktoren, eine transparente Kommunikation und ein leistungsgerechtes Entlohnungssystem, insbesondere auf das Verhalten der Gruppenmitglieder im Entscheidungsprozess auswirken.
Alle identifizierten Gruppennormen hängen mit den Einflussfaktoren des Entscheidungsprozesses statistisch signifikant zusammen. Dabei sind folgende besonders signifikante Korrelationen hervorzuheben: Die Gruppennorm „Jeder in der Gruppe tritt für das Recht des Anderen ein“ beeinflusst das Verhalten der Gruppe im „Umgang mit unerwarteten Komplikationen“ (,534**) und bei der „Umsetzung der einmal getroffenen Entscheidung“ (,565**) besonders signifikant. Des Weiteren fördern die Gruppennormen „Vertrauen: Wir können uns gegenseitig aufeinander

verlassen“ („533**) und „Jeder in der Gruppe bemüht sich, auftauchende Rivalitätsbeziehungen einzugrenzen“ („502**) das Verhalten der Gruppe bei der Umsetzung der Entscheidung.
Zwischen dem strukturellen Merkmal „Jemanden in der Gruppe zu haben, der andere ermutigt“ und dem Verhalten der Gruppe „Die Kriterien nach Wichtigkeit zu ordnen“ („532**) und „Randbedingungen und Konsequenzen der Ziele zu analysieren“ („507**) sind deutlich starke Zusammenhänge festzustellen. Daher erscheint es wichtig, einen solchen Akteur in der Gruppenzusammensetzung zu berücksichtigen. Auffällig ist, dass das Verhalten der Gruppe mit unerwarteten Komplikationen umzugehen unabhängig von der Gruppenzusammensetzung, sondern von anderen strukturellen Merkmalen beeinflusst wird. Der Umgang der Gruppe mit Komplikationen wird z.B. von einer transparenter Kommunikation, einer problemlösungsorientierten Unternehmenskultur und diversen Gruppennormen beeinflusst.
Im Folgenden wurden die identifizierten Einflussfaktoren des Informations- und Kommunikationsverhaltens mit allen strukturellen Merkmalen korreliert.

Informations- und Kommunikationsverhalten

Die Korrelationen zeigten deutlich, dass eine problemlösungsorientierte Unternehmenskultur das Informations- und Kommunikationsverhalten, mit Ausnahme der Transparenz von Rollen und des Frageverhaltens, stark beeinflusst. Wie sich im Anschluss zeigen lässt, stehen die Ausnahmen offensichtlich in einem anderen Wechselwirkungsverhältnis.
Alle sieben identifizierten Einflussfaktoren des Informations- und Kommunikationsverhaltens zeigen deutlich signifikante Zusammenhänge mit der strukturellen Variablen „transparente Kommunikation“ auf. Besonders starke Zusammenhänge sind „aufmerksames Zuhören“ („502**) und „viele Frage stellen“ („516**). Weiter steht ein transparentes Entlohnungssystem im engen statistischen Zusammenhang mit dem Verhalten „Transparente Rollenerwartungen“ („320**) und „richtiger Detaillierungsgrad von Informationen bzw. Ergebnissen“ („388**). Daneben zeigen die Korrelationen, dass die „Administration eines Unternehmens“ Einfluss auf den „richtigen Detaillierungsgrad von Informationen und Ergebnissen“ („391**) und auf das „aufmerksame Zuhören“ („419**) hat.
Die Wechselwirkungen zwischen Gruppennormen und dem Informations- und Kommunikationsverhalten sind sehr markant. Hierbei sind vor allem die folgenden Gruppennormen hervorzuheben, die alle identifizierten Einflussfaktoren des Informations- und Kommunikationsverhaltens beeinflussen:

- Vertrauen: Wir können uns gegenseitig aufeinander verlassen

- o Fairness durch Transparenz von Arbeitsinhalten
- o Respekt und Sympathie
- o Identifikation mit den Zielen der Entscheidung
- o Courage / Mut: Sich für das Recht anderer einsetzen
- o Sein Können im Sinne der Gruppenaufgabe optimal einbringen.

Aus den Korrelationen wird deutlich, dass „Gruppenmitglieder, die andere ermutigen“ das Informations- und Kommunikationsverhalten der anderen Gruppenmitglieder stark positiv beeinflussen. Dies gilt insbesondere für die „Kommunikation des richtigen Detaillierungsgrades“ (,444**), der „Visualisierung von Sachverhalten“ (,465**) und der Transparenz von Rollenerwartungen (,404**). Kein statistisch signifikanter Zusammenhang bestand in der Gruppenzusammensetzung und dem Verhalten „viele Fragen zu stellen um ein gemeinsames Verständnis zu schaffen“.
Im Folgenden wurden die individuellen Strategien mit allen strukturellen Merkmalen korreliert.

Individuelle Strategien
Die Ergebnisse zeigen, dass eine „problemlösungsorientierte Kultur“ mit der „Nutzung bildlicher Metaphern“ (,425**) im Entscheidungsprozess signifikant zusammenhängt. Eine „risikobereite Kultur“ fördert das „Denken im gesamtunternehmerischen Kontext“ (,362**) und eine „Lernkultur“ unterstützt die „Nutzung von Kreativitätstechniken“ (,355**) und die „Vereinfachung komplexer Sachverhalte“ (,332**) für ein gemeinsames Verständnis.
Die individuellen Strategien der „Nutzung bildlicher Metaphern“ (,327**) und der „Vereinfachung komplexer Sachverhalte“ (,379**) wird von einer „transparenten Kommunikation“ im Unternehmen beeinflusst. Ebenso wirkt sich eine „angemessene Administration“ im Unternehmen positiv auf die Anwendung der individuellen Strategien, der „Nutzung bildlicher Metaphern“ (,364**), die „Vorwärtsplanung“ (,341**) und die „Berücksichtigung zeitlicher Verzögerungen von Maßnahmen“ (,318**) aus.

Die individuellen Strategien stehen in starker Wechselwirkung mit den Gruppennormen. Das erklärt die Tatsache, dass die bloße Fähigkeit eines Akteurs, noch lange nicht ausreicht, um sie in der Gruppe einzubringen. Umso wichtiger ist es, zu verstehen, welchen Einfluss strukturelle Merkmale auf das menschliche Verhalten ausüben und wie Strukturen durch das menschliche Verhalten stabilisiert werden.
Die Ergebnisse zeigen, dass die individuelle Strategie „Aktives Warten“ von den meisten Gruppennormen positiv beeinflusst wird, sofern es sich hierbei

um direkte Einflussfaktoren auf Entscheidungen unter Unsicherheit handelt. Diese Strategie wird hierbei von den Gruppennormen „Respekt und Sympathie“ (,358**), „ausreichende Erklärungen von Sachverhalten“ (,379**), der „Identifizierung mit den Zielen der Entscheidung“ (,355**), dem „Bewusstsein über die eigenen Verhaltensweisen auf andere Gruppenmitglieder“ (,439**) und „für das Recht anderer eintreten“ (,328**) gefördert.

Die Wechselwirkungen zwischen der Gruppenzusammensetzung und den individuellen Strategien machen deutlich, dass die „Nutzung von Kreativitätstechniken“ (,460**) und „bildlichen Metaphern“ (,406**) in einem starken positiven Zusammenhang zu Gruppenmitgliedern stehen, die andere ermutigen, dies auch zu tun.

5 Interpretation

Wie in Kapitel 3 über die systemische Betrachtung dargestellt, lassen sich die Ergebnisse der empirischen Untersuchung in Anlehnung an die Logiken nach Esser interpretieren. Das theoretische Analysemodell wurde im Anschluss an die empirische Analyse angepasst.

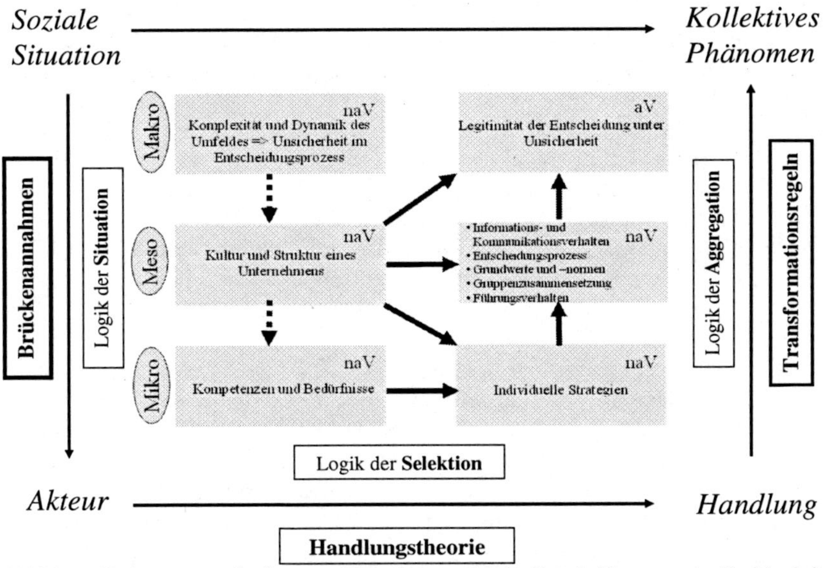

Abbildung 19: Angepasstes Struktur- und Handlungsmodell für Entscheidungen unter Unsicherheit

Logik der Situation

Das Umfeld eines Unternehmens beeinflusst dessen Struktur und Kultur geringfügig und weist keinen direkten Zusammenhang zum kollektiven Ergebnis, der subjektiv wahrgenommenen Legitimität von Entscheidungen, auf. Dies ist zum Einen aufgrund der Trägheit von Unternehmen mit mehr als 100.000 Beschäftigten zu erklären. Zunächst besteht die primäre Aufgabe eines Unternehmens in der Strukturerhaltung. Zum Anderen kann laut Esser, die Beziehung auf der Makroebene nur durch Rückgriff auf die Individualebene (Meso- und Mikroebene) erklärt werden. Ebenso wenig beeinflusst die Kultur und Struktur die Eigenschaften der individuellen Akteure. Gerade deshalb ist es für Unternehmen wichtig, die richtigen kulturellen Rahmenbedingungen zu etablieren, um der langsamen Anpassung näher zu kommen.

Logik der Selektion

Die Logik der Selektion erklärt die Handlungsmotivation der Akteure. Die empirische Analyse hat ergeben, dass bestimmte individuelle Kompetenzen verwendet wurden. In Verbindung mit den Bedürfnissen nach Kompetenz und Affiliation führen diese zur Herausbildung von insgesamt vier identifizierten individuellen Strategien für den Umgang mit Entscheidungen unter Unsicherheit. Diese sind „Vernetztes Denken", „Vereinfachung", „Aktives Warten" und „Mixed Scanning". Dabei werden die genannten individuellen Strategien zusätzlich von den strukturellen Merkmalen einer Kultur der Problemlösungsorientierung, der Risikobereitschaft und des Lernens, einer transparenten Kommunikation, geringfügiger Administration, ausgewählten Gruppennormen sowie der Gruppenzusammensetzung beeinflusst.

Für die direkten Einflussfaktoren auf die Legitimität von Entscheidungen unter Unsicherheit bedarf es individueller Strategien, personaler Kompetenzen und Führungskompetenzen sowie die Transparenz über die Bedürfnisse der Akteure. Von zentraler Bedeutung sind demnach die Akteure mit ihren Fähigkeiten, womit dem Bereich der Weiterbildung und Mitarbeiterentwicklung eine maßgebliche Rolle zukommt.

Logik der Aggregation

Die Logik der Aggregation erklärt, wie die individuelle Strategie zum kollektiven Phänomen, nämlich der subjektiv wahrgenommenen Legitimität der Entscheidung unter Unsicherheit führt. Hier wird die Komplexität der Einflussfaktoren auf Entscheidungen unter Unsicherheit deutlich, da die Legitimität der Entscheidung von Gruppennormen, Informations- und Kommunikationsverhalten, Entscheidungsprozessen, Gruppenzusammensetzungen, Führungsverhalten, Unternehmenskultur und Unternehmensstruktur beeinflusst wird. Zentrale strukturelle Merkmale sind hierbei neben einer Lern-, problemlösungsorientierten und risikobereiten Kultur eine Unternehmensstruktur, die durch transparente Kommunikation, ein leistungsgerechtes Entlohnungssystem und geringfügige Administration geprägt ist.

Die Interdependenzen von strukturellen und handlungstheoretischen Merkmalen haben gezeigt, dass soziale Mechanismen wie Unternehmenskultur, Transparenz über Rollenerwartungen, situativer Führungsstil und Gruppennormen das Verhalten von Individuen und Gruppen im Entscheidungsprozess unter Unsicherheit begünstigen. Dabei sind folgende Gruppennormen hervorzuheben: Vertrauen, Mut, Eingrenzen von Rivalitätsbeziehungen, Fairness, Respekt, Sympathie, Identifikation mit den Zielen der Entscheidung, optimaler Einsatz des eigenen Könnens,

ausreichende Erklärung von Sachverhalten und die Reflexion eigener Verhaltensweisen.
Die Gruppenzusammensetzung sollte hierarchiefrei und differenziert nach Alter, Geschlecht und Erfahrung erfolgen. Gruppenmitglieder, die in der Lage sind, andere zu ermutigen und ein neutraler Moderator fördern die subjektiv wahrgenommene Legitimität von Entscheidungen.
Nach Interpretation der empirischen Analyse des Fragebogens ist festzuhalten, dass sich von 180 möglichen Einflussfaktoren 33 direkte und 13 indirekte als für Entscheidungen unter Unsicherheit relevant herauskristallisiert haben.

6 Zusammenfassung und Ausblick

Komplexität und Dynamik im Umfeld, aber auch im Unternehmen selbst, führen zu einem stärkeren Wettbewerbsdruck, der Entscheidungen über Innovationen unabdingbar macht. Diese „Entscheidungen unter Unsicherheit" werden in Unternehmen vorrangig von Gruppen vorbereitet und getroffen. Die Herausforderung liegt dabei in der sozialen Dimension und stellt hohe Anforderungen an die Interaktion und Kommunikation von Akteuren. Ausgehend von der soziologischen Forschung und weiteren wissenschaftlichen Fachbereichen konnte mit dieser Dissertation gezeigt werden, dass praktische Problemstellungen gelöst und theoretische Modelle weiterentwickelt werden können. Das modifizierte Analysemodell kann zur Grundlage für weitere Untersuchungen genutzt werden und trägt entscheidend dazu bei, die Einflussfaktoren auf Entscheidungen unter Unsicherheit verstehen und somit auch verbessern zu können.

Die direkten und indirekten Einflussfaktoren, die in dieser Dissertation identifiziert wurden, können Gruppen im Innovationsmanagement darin unterstützen, Entscheidungen unter Unsicherheit überhaupt treffen zu können. Sie dienen nicht dazu, Unsicherheit zu reduzieren, sondern vielmehr, einen besseren Umgang mit ihr zu gestalten. Die Ergebnisse dieser Dissertation haben deutlich gemacht, dass Entscheidungen nie isoliert, sondern von vielen strukturellen und handlungsrelevanten Merkmalen gleichzeitig beeinflusst werden. Sie zeigen die Transparenz über die systemischen Wechselwirkungen von Handlung und Struktur auf und geben Empfehlungen für eine effiziente Vorbereitung und Durchführung von Gruppenentscheidungen.

Zu den direkten Einflussfaktoren zählen: Gruppennormen (Respekt, Sympathie, Identifikation mit dem Ziel einer Entscheidung, Vertrauen), Informations- und Kommunikationsverhalten (Transparenz über Rollenerwartungen, Visualisierung von unklaren Sachverhalten, aktive Kommunikation von Fehlern), Entscheidungsprozessschritte (Analyse von Randbedingungen und Konsequenzen von Zielen), Gruppenzusammensetzung (Gruppenmitglieder, die andere ermutigen können), Unternehmenskultur (Problemlösungsorientierung) und Unternehmensstruktur (transparente Kommunikation, leistungsgerechtes Entlohnungssystem, geringfügige Administration).

Dazu bilden die Strategien des „Vernetzten Denkens", des „Aktiven Wartens", der „Vereinfachung" und des „Mixed Scannings" sowie die erläuterten Kompetenzen und Bedürfnisse von Mitarbeitern grundlegende Voraussetzungen für die direkten Einflussfaktoren.

Auf Grundlage der gewonnenen Ergebnisse lassen sich Trainingskonzepte für Führungskräfte und Gruppenmitglieder entwickeln, die in Entscheidungsprozesse unter Unsicherheit eingebunden sind. Darüber hinaus können Unternehmen die gewonnenen Erkenntnisse bezüglich Mitarbeiter- und Führungskompetenzen bei Einstellungsgesprächen und der Weiterbildung gezielt fördern. Für die Kultur und Struktur von Unternehmen ist eine regelmäßige Analyse der Einflussfaktoren sinnvoll. So können durch Mitarbeiterbefragungen Trends aufgezeigt werden, die die Veränderung der Einflussfaktoren sichtbar und deren Neuausrichtung notwendig werden lassen.

7 Bibliographie

7.1 Literaturverzeichnis

Auer-Rizzi, W. (1998): Entscheidungsprozesse in Gruppen. Kognitive und soziale Verzerrungstendenzen. Wiesbaden: Deutscher Universitätsverlag, Gabler, Vieweg.

Axelrod, R. (2000): Die Evolution der Kooperation. 5. Auflage. München: Oldenbourg Verlag.

Becker, F.G. (1987): Innovationsfördernde Anreizsysteme. In Zeitschrift für Personalforschung. 1. Jg. S. 29-60.

Becker, F.G. (2002): Lexikon des Personalmanagements. 2. Auflage. München: dtv.

Behrends, Th. (2001): Organisationskultur und Innovativität – eine kulturtheoretische Analyse des Zusammenhangs zwischen sozialer Handlungsgrammatik und innovativen Organisationsverhalten. München: Hampp Verlag.

Bernien, M. (1997): Anforderungen an eine qualitative und quantitative Darstellung der beruflichen Kompetenzentwicklung. In Kompetenzentwicklung `97. Berlin: QUEM Bulletin.

Blossfeld, H.P. (2006): Wie sicher ist die Zukunft? Bamberg: Universitätsverlag.

Bonß, W. (1982): Die Einübung des Tatsachenblicks. Zur Struktur und Veränderung empirischer Sozialforschung. Frankfurt am Main: Suhrkamp.

Braun-Thürmann, H. (2005): Innovation, Soziologischen Themen. Bielefeld: transcript Verlag.

Brettschneider, V. (2000): Entscheidungsprozesse in Gruppen. Theoretische und empirische Grundlagen der Fallstudienarbeit. Bad Heilbrunn: Julius Klinkhardt Verlag.

Bronner, R. (1989): Planung und Entscheidung. Grundlagen-Methoden-Fallstudien. 2. Auflage. München: Oldenbourg Verlag.

Büscher, Ch. (2004): Handeln oder Abwarten? Der organisatorische Umgang mit Unsicherheit im Fall der Jahr-2000-Problematik in der IT. Wiesbaden: Deutscher Universitäts-Verlag.

Büschges, G./Abraham, M. (2004): Einführung in die Organisationssoziologie. 3. Auflage. Wiesbaden: VS Verlag für Sozialwissenschaften.

Corsten, H./Gössinger, R./Schneider, H. (2006): Grundlagen des Innovationsmanagements. München: Franz Vahlen Verlag.

Dieckmann, A. (2005): Empirische Sozialforschung. Grundlagen, Methoden, Anwendungen. Reinbek bei Hamburg: Rowohlt.

Dörner, D. (1999): Bauplan einer Seele. Reinbek bei Hamburg: Rowohlt.

Dörner, D. (2007): Die Logik des Misslingens. Strategisches Denken in komplexen Situationen. 6. Auflage. Reinbek bei Hamburg: Rowohlt.

Drucker, P.F. (2001): The Effective Decision. In: Harvard business review on decision making. Harvard: Business School Press.

Durkheim, E. (1988): Über soziale Arbeitsteilung. Studie über die Organisation höherer Gesellschaften. Frankfurt am Main: Suhrkamp.

Elster, J. (2006): Understanding Choice. Explaining behaviour. Unipub forlag. Oslo: Academic Press.

Enste, D.H. (1998): Entscheidungsheuristiken. Filterprozesse, Habits, Frames im Alltag. Theoretische und empirische Ergebnisse der Überprüfung eines modifizierten SEU-Modells. In: Kölner Zeitschrift für Soziologie und Sozialpsychologie. 50 Jg. Heft 3. Köln: VS Verlag für Sozialwissenschaften. S. 442-470.

Ernst, H. (2003): Unternehmenskultur und Innovationserfolg. Eine empirische Analyse. In: Zeitschrift für betriebswirtschaftliche Forschung. 55. Jg. Düsseldorf: Fachverlag der Verlagsgruppe Handelsblatt GmbH. S. 23-44.

Erpenbeck, J./Heyse, V. (1996): Berufliche Weiterbildung und berufliche Kompetenzentwicklung. In: Kompetenzentwicklung `96. Berlin: QUEM Bulletin.

Erpenbeck, J./Heyse, V./Max, H. (Hrsg.) (2004): Kompetenzen erkennen, bilanzieren, entwickeln. Münster/New York/Berlin/München: Waxmann Verlag.

Erpenbeck, J./Heyse, V. (1999): Die Kompetenzbiographie. Strategien der Kompetenzentwicklung durch selbstorganisiertes Lernen und multimediale Kommunikation. München, Berlin: Waxmann Verlag.

Esser, H. (1993): Soziologie. Allgemeine Grundlagen. Frankfurt/New York: Campus Verlag.

Esser, H. (1999): Soziologie. Spezielle Grundlagen. Band 1: Situationslogik und Handeln. Frankfurt am Main/New York: Campus Verlag.

Esser, H. (2001): Soziologie. Spezielle Grundlagen. Band 6: Sinn und Kultur. Frankfurt am Main: Campus Verlag.

Etzioni, A. (2001) Humble Decision Making. In: Harvard business review on decision making. Harvard: Business School Press. S.47.

Faix, W.G. (1995): Der Erfolgsfaktor Handlungskomponente Mitarbeiter und Führungskräfte in: Faix, W. G./ Rütter T./ Wollstadt E. (Hrsg.): Führung und Persönlichkeit: personale Entwicklung. Landsberg am Lech: Verlag Moderne Industrie.

Faix, W.G./Laier, A. (1996): Soziale Kompetenz. Wettbewerbsfaktor der Zukunft. 2. Auflage. Wiesbaden: Gabler Verlag.

Falk, R. (2000): Betriebliches Bildungsmanagement. Arbeitsbuch für Studium und Beruf. Köln.

FAZ: Frankfurter Allgemeine Zeitung vom 30.01.2007: Wie es die Volksrepublik China schafft, in ihren Bürgern ungeahnte Kräfte zu entfesseln und deren Ungewissheit in Energie zu verwandeln.

Feldmann, K. (2000): Soziologie kompakt. Eine Einführung. Band 188. Wiesbaden: Westdeutscher Verlag GmbH.

Feldmann, K. (2006): Soziologie kompakt. Eine Einführung. 4. Auflage. Wiesbaden: VS Verlag für Sozialwissenschaften.

Fisher, M. (2007): Das kluge Gefühl. In: SZ Wissen. Ausgabe 15.

Fleischer, H. (2001): Einflussstrukturen und ihre Bedeutung für die Entscheidungsfindung in Problemlösungsgruppen. Empirische Personal- und Organisationsforschung. Band 18. München/Mehring: Rainer Hampp Verlag.

Frey, B.S./Osterloh, M. (2000): Motivation - der zwiespältige Produktionsfaktor. In: Managing Motivation. Frey, B.S. (Hrsg.)/Osterloh, M. (2002): 2. Auflage. Wiesbaden: Gabler. S. 19-42.

Frey, D. (2006): Psychologie der Innovation in Organisationen. München: Roman Herzog Institut, e.V.

Fuchs-Heinritz, W./Lautmann, R./Rammstedt, O./Wienold, H. (Hrsg.) (2007): Lexikon der Soziologie. 4. Auflage. Wiesbaden: VS Verlag für Sozialwissenschaften.

Gerpott, H. (2005): Strategisches Technologie- und Innovationsmanagement. 2. Auflage. Stuttgart: Schäffer-Poeschel.

Giddens, A. (1995): Konsequenzen der Moderne. Frankfurt am Main: Suhrkamp.

Gigerenzer, G. (2007): Bauchentscheidungen. Die Intelligenz des Unbewussten und die Macht der Intuition. 3. Auflage. München: C. Bertelsmann Verlag.

Graf, J. (2002): Kompetenz geht vor Persönlichkeit. In: Managerseminare. Heft 52. Bonn.

Sartori, G. (1992): Demokratietheorie. Darmstadt: Wiss. Buchges.

Harland, P. E. (2002): Kooperationsmanagement. Der Aufbau von Kooperationskompetenz für das Innovationsmanagement. Fischbachtal: Harland Media Verlag.

Haslam, A. S. (2007): Kopf und Bauch? In: Gehirn und Geist, Ausgabe 11.

Hauschildt, J. (1993): Innovationsmanagement. München: Vahlen.

Helfrich, H. (1996): Menschliche Zuverlässigkeit aus sozialpsychologischer Sicht. In: Zeitschrift für Psychologie. Heft 204. Hogrefe Verlag.

Hofinger, G. (2005): Kommunikation in kritischen Situationen. Frankfurt: Verlag für Polizeiwissenschaft.

Hofmann, K./Steinhoff, V. (1994): Auf der Suche nach der Teamfähigkeit. In: Mannheimer Beiträge zur Wirtschafts- und Organisationspsychologie. Heft 1/94. S. 74-86.

Hofstätter, P.R. (1986): Gruppendynamik. Kritik der Massenpsychologie. Reinbek bei Hamburg: Rowohlt.

Homans, G.C. (1968): Elementarformen sozialen Verhaltens. Köln, Opladen: Westdeutscher Verlag.

Homans, G.C. (1972): Grundfragen soziologischer Theorie. Köln, Opladen: Westdeutscher Verlag.

Janis, I.L. (1982): Stress, attitudes, and decisions. New York: Praeger Verlag.

Jaworski, J./Zurlino, F. (2007): Innovationskultur. Vom Leidensdruck zur Leidenschaft. Wie Top-Unternehmen ihre Organisation mobilisieren. Frankfurt am Main: Campus Verlag.

Joas, H. (2007): Lehrbuch der Soziologie. 3. Auflage. Frankfurt am Main/ New York: Campus Verlag.

Johnson, D.W./Johnson, F.P. (2009): Joining Together. Group Theory and Group Skills. Tenth Edition. Upper Saddle River/New Jersey: Pearson Education.

Kahneman, D./Slovic, P./Tversky, A. (1982): Judgement under uncertainty. Heuristic and biases. Cambridge: University Press.

Kieser, A./Kubicek, H. (1992): Organisation. 3. Auflage. Berlin/New York: Walter de Gruyter.

Kieser, A. (Hrsg.) (2002): Organisationstheorien. 5. Auflage. Stuttgart: W. Kohlhammer Verlag.

Kirchhof, R. (2003): Ganzheitliches Komplexitätsmanagement. Grundlagen und Methodik des Umgangs mit Komplexität im Unternehmen. Wiesbaden: Deutscher Universitäts-Verlag.

Konrad, K. (2005): Mündliche und schriftliche Befragung. Ein Lehrbuch. 3. Auflage. Landau: Empirische Pädagogik Verlag.

Küppers, G. (1999): Der Umgang mit Unsicherheit. Zur Selbstorganisation sozialer Systeme. In: Mainzer K. (Hrsg.): Komplexe Systeme und Nichtlineare Dynamik in Natur und Gesellschaft. Komplexitätsforschung in Deutschland auf dem Weg ins nächste Jahrhundert. Berlin/Heidelberg/New York: Springer. S. 348-372.

Lamnek, S. (2005): Qualitative Sozialforschung. Lehrbuch. 4. Auflage. Weinheim/Basel: Beltz Verlag.

Lentz, B. (2002): Kopf oder Bauch? In: Capital vom 07.02.2002.

Levine, J.M./Moreland, R.L. (1990): Progress in small group research. In: Annual Review of Psychology. Nr.41. S. 585ff.

Lindenberg, S. (1985): An Assessment of the new political economy. It's potential for the social sciences and for sociology in particular: In: Sociological Theory. Vol. 3.S.99-114.

Lorenz, S. (2007): Unsicherheit und Entscheidung. Vier grundlegende Orientierungsmuster am Beispiel des Biokonsums. In: Schweizerische Zeitschrift für Soziologie. Nr.33 (2). 213-235.

Luhmann, N. (1988): Organisation. In: Küpper, W./Ortmann, G. (Hrsg.): Mikropolitik. Köln, Opladen: Westdeutscher Verlag. S. 165-185.

Luhmann, N. (2006): Beobachtungen der Moderne. 2. Auflage. Wiesbaden: VS Verlag für Sozialwissenschaften.

Lühring, N. (2003): Innovationsfördernde Organisationsstrukturen unter Berücksichtigung früher Innovationsphasen. In: Herstatt, C./Verworn, B. (Hrsg.): Management der frühen Innovationsphasen. Grundlagen – Methoden – Neue Ansätze. Wiesbaden: Gabler Verlag.

March, J.G. (1990): Entscheidung und Organisation: kritische und konstruktive Beiträge. Entwicklungen und Perspektiven, aus dem Englischen von Karl-Heinz Gschrey Wiesbaden: Gabler Verlag.

March, J.G./Simon, H.A. (1958): Organizations. New York: Wiley.

Mayntz, R./Holm, K./Hübner, P. (1974): Einführung in die Methoden der empirischen Soziologie. Köln, Opladen: Westdeutscher Verlag.

Mischo, Ch. (2003): Wie valide sind Selbsteinschätzungen der Empathie? In: Gruppendynamik und Organisationsberatung. 34. Jg. Heft 2. S.187-203.

Müller, W. (1993): Risiko und Ungewissheit. In: Wittmann, W./Kern, W./Köhler, R./Küpper, H.-U./Wysocki, K. (Hrsg.): Handwörterbuch der Betriebswirtschaft. Teilband 3./5. Auflage. Stuttgart: Schäffer-Poeschel-Verlag.

Müller-Benedict, V. (2007): Grundkurs Statistik in den Sozialwissenschaften. 4. Auflage. Wiesbaden: VS Verlag für Sozialwissenschaften.

Naundorf, K. (2008): Die Lehren eines Überlebenden. In: Die Zeit. Nr. 12. 13.03.2008.

Neuberger, O. (1990): Führen und geführt werden. 3.Auflage. Stuttgart: Ferdinand Enke Verlag.

Nothbaum, N. (1997): Experten-Entscheidung unter Unsicherheit. Kognitive Didaktik und situative Rahmung bei der Erhebung von Verteilungswissen. Reihe: Psychologie des Entscheidungsverhaltens und des Konflikts. Vol. 8. Franfurt am Main: Peter Lang GmbH.

Opp, D. (1983): Die Entstehung sozialer Normen. Ein Integrationsversuch soziologischer, sozialpsychologischer und ökonomischer Erklärungen. Tübingen: Mohr.

Paschen, M./Dishmaier, E. (2004): Führungs-Kräfte für Führungskräfte. In: Managerseminare. Heft 79. Bonn.

Pelikan, J.M. (2004): Gruppendynamik als Hybrid von Organisation und Interaktion. In: Gruppendynamik und Organisationsberatung. 35. Jg. Heft 2. S.133-160.

Preisendörfer, P. (2005): Organisationssoziologie. Grundlagen, Theorien und Problemstellungen. Wiesbaden: VS Verlag für Sozialwissenschaften.

Rasch, B./Friese, M./Hofmann, W./Naumann, E. (2006): Quantitative Methoden. 1. Einführung in die Statistik. Band 1. 2. Auflage. Heidelberg: Springer Verlag.

Recke, G. (2004): Entscheidungsanalyse unter Risiko und Unsicherheit. Göttingen: Duehrkohp & Radicke.

Reihlen, M. (1999): Organisation und Postmoderne. In: Schreyögg Georg (Hrsg.): Grundfragen – Analysen – Perspektiven. Wiesbaden: Gabler Westdeutscher Verlag. 265-304.

Reither, F. (1997): Komplexitätsmanagement. Denken und Handeln in komplexen Situationen. München: Gerling Akademie Verlag.

Roger, E.M. (2003): Diffusion of Innovations, Fifth Edition.

Rosenstiel, L./Kirsch, A. (1996): Psychologie der Werbung. Rosenheim: Komar-Verlag.

Rosenstiel, L./Kirsch, A. (1996): Psychologie der Werbung. Rosenheim: Komar-Verlag.

Rust, H. (2005): Kommunikation als Seele der Innovationskultur. Schriftliche Langfassung, Vortrag anlässlich der Veranstaltung Innovation V am 06.10.2005.

Sader, M. (1996): Psychologie der Gruppe. Grundlagentexte Psychologie. 5. Auflage. Weinheim/München: Juventa Verlag.

Scharpf, U./Fisch, R. (1989): Das Schicksal von Vorschlägen in Beratungs- und Entscheidungssitzungen. Ein Beitrag zur Analyse inhaltlicher Analyse der Interaktion bei Entscheidungsfindung im Gruppenprozess. In: Gruppendynamik 20, Heft 3. S. 283ff.

Schaub, H. (2005): Umgang mit Unbestimmtheit und Komplexität. In: Hofinger, G.: Kommunikation in kritischen Situationen. Frankfurt am Main: Verlag für Polizeiwissenschaft.

Schein, E.H. (2003): Organisationskultur. The Ed Schein Corporate Culture Survival Guide. Aus dem Amerikanischen von Irmgard Hölscher. Bergisch Gladbach: EHP.

Scheler, U. (1999): Management der Emotionen. Emotionale Intelligenz umsetzen mit 22 Übungen. Gabal Verlag.

Schimank, U. (2002): Organisationen: Akteurkonstellationen – korporative Akteure – Sozialsysteme. S.30-32. In: Allmendinger J./ Hinz, T. (Hrsg.): Organisationssoziologie. Sonderheft 42/2002 der Kölner Zeitschrift für

Soziologie und Sozialpsychologie. Wiesbaden: Westdeutscher Verlag. S.29-54.

Schimank, U. (2005): Die Entscheidungsgesellschaft: Komplexität und Rationalität der Moderne. Lehrbuch. Hagener Studientexte zur Soziologie. Wiesbaden: VS Verlag für Sozialwissenschaften.

Schimank, U. (2007): Gruppen und Organisationen. In: Joas, H. (2007): Lehrbuch der Soziologie. 3. Auflage. Frankfurt am Main/ New York: Campus Verlag.

Schmidt, H. (2008): Interview mit Helmut Schmidt über seinen Führungsstil. In: Zeit Magazin Leben. Nr. 29. 10.07.2008. S. 54.

Schnell, R. (Hrsg.) /Hill, P.-B./Esser, E. (2005): Methoden der empirischen Sozialforschung. 6. Auflage. München/Wien: Oldenbourg Verlag.

Scholz, R.W. (1987): Cognitive Strategies in Stochastic Thinking. Dordrecht: Riedel.

Schreyögg, G. (Hrsg.) (1999): Organisation und Postmoderne. Grundfragen – Analysen – Perspektiven. Wiesbaden: Gabler, Westdeutscher Verlag.

Schumpeter, J.A. (1964): Theorie der wirtschaftlichen Entwicklung. 6. Auflage, Berlin: Duncker&Humblot.

Schwarz, G. (2005): Die „Heilige Ordnung" der Männer. Hierarchie, Gruppendynamik und die neue Rolle der Frauen. 4. Auflage. Wiesbaden: VS Verlag für Sozialwissenschaften.

Sennett, R. (2006): Der flexible Mensch. 2. Auflage. Berlin: BvT Berliner Taschenbuchverlag GmbH.

Sorger, G. (2000): Entscheidungstheorie bei Unsicherheit. Grundlagen und Anwendungen. Stuttgart: UTB Verlag.

Specht, G./Beckmann, Ch. (1996): F&E-Management. Stuttgart: Schäffer-Poeschel Verlag.

Staehle, W.H. (Hrsg.) (1991): Handbuch Management: die 24 Rollen der exzellenten Führungskraft. Wiesbaden: Gabler.

Sutrich, O. (2006): Besser entscheiden in Organisationen. In: Entscheiden als Prozess. Hernstein International Management Institut. Wirtschaftskammer Wien. 19. Jg. Nr. 3. S. 4-9.

Thom, N. (1980): Grundlagen des betrieblichen Innovationsmanagements. 2. Auflage. Königstein/Taunus: Hanstein.

Treibel, A. (2006): Einführung in soziologische Theorien der Gegenwart. 7. Auflage. Wiesbaden: VS Verlag für Sozialwissenschaften.

Tuckman, B./Jensen, M. (1977): Stages of small group development revisited. Group and Organizational Studies 2. S.419-427.

Tuckman, B. (1965): Developmental sequence in small groups. Psychological Bulletin 63. S.384-399.

Vahs, D./Burmester, R. (2002): Innovationsmanagement. Von der Produktidee zur erfolgreichen Vermarktung. 2. Auflage. Stuttgart: Schäffer-Poeschel Verlag.

Vahs, D./Burmester, R. (2005): Innovationsmanagement. Von der Produktidee zur erfolgreichen Vermarktung. 3. Auflage. Stuttgart: Schäffer-Poeschel.

VDI: Verein deutscher Ingenieure nachrichten. Köln: 12.01.2007. S. 20.

Weber, M. (1972) Wirtschaft und Gesellschaft. Grundriss der verstehenden Soziologie. 5. Auflage. Tübingen: S. 1.

Weick, K.E. (1985): Der Prozess des Organisierens. Frankfurt am Main: Suhrkamp.

Weinberg, J. (1996): Kompetenzlernen. In: Kompetenzentwicklung `96. Berlin: QUEM Bulletin.

Weinert, A.B. (2004): Organisations- und Personalpsychologie. 5. Auflage. Weinheim/ Basel: Beltz.

Weiß, R. (1999): Erfassung und Bewertung von Kompetenzen. In: Kompetenzentwicklung `99 Berlin: QUEM Bulletin.

Weissenberger-Eibl, M.A. (2004): Unternehmen im Umbruch. Konzepte Instrumente Erfolgsmuster. Reihe: Kooperation von Wissenschaft und Wirtschaft. Rosenheim: Cactus Group Verlag.

Werkzeugmaschinenlabor (WZL) RWTH Aachen: Mit Lean Innovation zu mehr Erfolg. Ergebnisse der Erhebung 2007.

Wieland, T. (2004): Innovationskultur: theoretische und empirische Annäherung an einen Begriff. Münchner Zentrum für Wissenschafts- und Technikgeschichte. 19.11.2004.

Willenbrock, H. (2007): Scheitern ist schön. In: brand eins 9. Jg. Heft 2. Schwerpunkt Veränderung. S. 28-33.

Worley, Ch.G. (2006): Designing Organizations that are built to change. IN: MIT Sloan Management Review. Fall 2006.

Wunderer, R. (1997): Führung und Zusammenarbeit. Beiträge zu einer unternehmerischen Führungslehre. 2. Auflage. Stuttgart: Schäffer-Poeschel.

7.2 Internetquellen

http://www.zeit.de/index

http://www.faz.net/s/homepage.html

http://www.lifepr.de: life PR: LifeID 19046: Führungskräfte treffen keine fundierten Entscheidungen. 01.10.2007.

8 Anhang

8.1 Beobachtungsprotokoll

Datum:	Teilnehmer:
Uhrzeit / Dauer:	Ziel:
Thema der Besprechung:	Weibliche TN:
Videokonferenz:	Männliche TN:
Organisator / Leitungsfunktion der Besprechung:	Gesamt TN:

Gesprächsverlauf

Fragenblock: Gezeigtes interpersonales Verhalten	**Beobachtbar**	**Erklärung**
andere werden ermutigt offen zu sein		
anderen wird geholfen, sich mit zu teilen		
kooperatives Verhalten (arbeitet mit anderen zusammen)		
Kommunikation von Gefühlen		
andere werden aktiviert, sich aktiver an einer Gruppenentscheidung zu beteiligen		
andere werden unterstützt, experimentierfreudig zu sein		
andere werden unterstützt, beim Tagesordnungspunkt zu bleiben		
Fragenblock: Führungsverhalten:		
Der Projektleiter geht auf die **Bedürfnisse** der Gruppenmitglieder ein.		
Der Projektleiter verhält sich **vertrauensvoll**, d.h. statt seine Gruppe zu kontrollieren, verlässt er sich auf jedes einzelne Gruppenmitglied.		
Der Projektleiter ist **unparteilich**: er bevorzugt niemanden!		
Der Projektleiter konzentriert sich ausreichend auf die inhaltliche Aufgabe der Gruppe.		
Der Projektleiter konzentriert sich ausreichend auf die zwischenmenschlichen Beziehungen in der Gruppe.		
Fragenblock: Informations- und Kommunikationsverhalten der Gruppe		
aktive Informationssuche		
offen gegenüber neuen Informationen		

zielorientierter Austausch von Informationen		
zeitnaher Austausch von Informationen		
direkter Austausch von Informationen		
Nutzung unterschiedlicher **Informationsquellen**		
viele **Fragen stellen**		
Visualisierung von Sachverhalten		
scheitern aktiv kommunizieren		
Jeder in der Gruppe äußert **frei seine Meinung** und Bedenken.		
Feedback wird **eingefordert**		
geben gegenseitigen **Feedbacks**		
Rollenklärung bei Änderung der Gruppenzusammensetzung		
Zielvereinbarung bei Änderung der Gruppenzusammensetzung		
aktive Beteiligung aller an der Gruppendiskussionen		
Jeder in der Gruppe **hört aufmerksam** zu		
Grundwerte und -normen in der Gruppe		
Gruppendiskussionen verlaufen **sachlich**.		
Wir binden uns in der Gruppe **gegenseitig** in **Überlegungen** und **Ideen** ein.		
Jeder in der Gruppe bemüht sich, auftauchende **Rivalitätsbeziehungen** einzugrenzen.		
Jeder in der Gruppe hat eigene Erwartungen zur **gegenseitigen Hilfestellung** aufgebaut.		
In unserer Gruppe steht **Fairness** durch **Transparenz von Arbeitsinhalten.**		
Unsere Gruppenatmosphäre ist geprägt durch gegenseitigen **Respekts** und **Sympathie**.		
Erklärungen von Gruppenmitgliedern dauern so lange, wie sie zum Verständnis des Sachverhaltes benötigen.		
Niemand **lacht** den anderen aus.		
In der Gruppe erlauben wir uns etwas **"Falsch machen"** zu dürfen.		
In der Gruppe herrscht eine **gesunde Skepsis** vor.		
Die Gruppe erlaubt sich, alles **in Frage zu stellen** und der Gruppe den Spiegel vorzuhalten.		
Jeder in der Gruppe **tritt für das Recht anderer** ein.		
Framing		
positiv		
negativ		
Prozess		

Start:		
Ablauf:		
Ende:		
Stimmung in der Gruppe		

8.2 Fragebogen

Entscheidungen unter Unsicherheit – Erfolgsfaktoren für Gruppen im Innovationsmanagement.
Entscheidungssituation in ihrer Gruppe.

Als erstes geht es um die Entscheidungssituation, in der Gruppe, mit der Sie zuletzt oder aktuell noch zusammenarbeiten.
Bitte kreuzen Sie an, welche der Aussagen auf Ihre Entscheidungssituation zutreffen.

Entscheidungssituation	1=Trifft voll und ganz zu 2=Trifft weitgehend zu 3=Trifft noch zu 4=Trifft eher nicht zu 5=Trifft selten zu 6=Trifft ganz und gar nicht zu 0=Keine Aussage möglich						
	1	2	3	4	5	6	0
Die für die Entscheidungssituation relevanten Faktoren entwickeln sich ständig weiter.							
Ich habe viele Faktoren bei der Entscheidung gleichzeitig zu betrachten.							
Ich muss berücksichtigen, dass die Einflussfaktoren der Entscheidung abhängig voneinander existieren und sich wechselseitig beeinflussen.							
Nicht alle für die Entscheidung erforderlichen Informationen sind für mich verfügbar.							
Ich empfinde die Entscheidungssituation in der Gruppe als unsicher.							
Entscheidungen unter Unsicherheit sind neu für mich.							
Ich kann die Folgen meiner Entscheidung sehr gut einschätzen.							

restliche Seiten später ausfüllen | Weiter

Entscheidungen unter Unsicherheit – Erfolgsfaktoren für Gruppen im Innovationsmanagement.
Unternehmenskultur.

Wie bewerten Sie die Kultur ihres Unternehmens?
Kreuzen Sie bitte an, welche der Aussagen eher bzw. gar nicht zu treffen.

Unternehmenskultur	1=Trifft voll und ganz zu 2=Trifft weitgehend zu 3=Trifft noch zu 4=Trifft eher nicht zu 5=Trifft selten zu 6=Trifft ganz und gar nicht zu 0=Keine Aussage möglich						
	1	2	3	4	5	6	0
Die Unternehmensvisionen sind mir klar.							
Die Unternehmensvisionen werden von allen in meinem Umfeld gemeinsam getragen.							
Die Ziele, die das Unternehmen verfolgt, sind mir klar.							
Die Unternehmensziele werden von allen in meinem Umfeld gemeinsam getragen.							
Wir haben in unserer Arbeit einen Gestaltungsspielraum, das bedeutet Freiraum zum Denken und Handeln.							
Es findet gegenseitige, bereichs- und ressortübergreifende Unterstützung statt.							
Wir arbeiten problemlösungsorientiert.							
Wir sind risikobereit.							
Wir betonen mehr unsere Chancen, als unsere Risiken.							
Wir dürfen einmal Fehler machen und kommunizieren es auch.							
Wir sind immer bereit etwas dazu zu lernen.							

Wir geben uns kritisch Feedback.							
Wir fordern Feedback von unseren Prozesspartnern ein.							
In unserem Unternehmen bilden sich informelle Netzwerke.							
Wir arbeiten und denken ganzheitlich / vernetzt.							

Zurück | restliche Seiten später ausfüllen | Weiter

Entscheidungen unter Unsicherheit – Erfolgsfaktoren für Gruppen im Innovationsmanagement.
Struktur des Unternehmens.

Bitte kreuzen Sie an, wie Sie die Struktur Ihres Unternehmens bewerten?

Struktur des Unternehmens

1=Trifft voll und ganz zu
2=Trifft weitgehend zu
3=Trifft eher zu
4=Trifft eher nicht zu
5=Trifft selten zu
6=Trifft ganz und gar nicht zu
0=Keine Aussage möglich

	1	2	3	4	5	6	0
Das Unternehmen ist hierarchisch aufgebaut.							
Innerhalb der hierarchischen Struktur ist die Möglichkeit gegeben, temporäre Netzwerke und Projektteams zu bilden.							
Im Unternehmen gibt es ausreichend offene Räume, in denen Mitarbeiter spontan zusammen treffen können.							
Allen Mitarbeitern ist es möglich, sich bei Bedarf zeitnah mit den erforderlichen Partnern persönlich abzustimmen.							
Die Entscheidungsträger im Unternehmen verfügen über Entscheidungsautonomie.							
Die Entscheidungsträger im Unternehmen haben Einfluss auf Unternehmensentscheidungen.							
Getroffene Entscheidungen im Unternehmen sind klar.							
Getroffene Entscheidungen im Unternehmen sind nachvollziehbar.							
Demokratische Abstimmungsprozesse prägen das Unternehmen.							
Das Unternehmen ist geprägt durch transparente Kommunikation.							
Das Entlohnungssystem ist leistungsgerecht.							
Das Entlohnungssystem ist an die Bedürfnisse der Mitarbeiter angepasst.							
Im Unternehmen gibt es nur so viel Administration, wie nötig.							
In meinem Arbeitsvertrag ist die Bereitschaft für Veränderungen als Voraussetzung niedergeschrieben.							
Nach Projektarbeiten (unabhängig von alltäglichen Aufgaben) erhält jedes Projektmitglied eine eigene Beurteilung für seine individuelle Gruppenleistung.							

Zurück | restliche Seiten später ausfüllen | Weiter

Entscheidungen unter Unsicherheit – Erfolgsfaktoren für Gruppen im Innovationsmanagement.
Persönliche Kompetenzen.

Bitte kreuzen Sie an, welche persönlichen Kompetenzen aus Ihrer Sicht wichtig für eine Gruppe sind, die Entscheidungen unter Unsicherheit zu treffen hat.

Persönliche Kompetenzen

1=unverzichtbar
2=wichtig
3=eher wichtig

	4=eher unwichtig 5=überwiegend unwichtig 6=absolut unwichtig 0=Keine Aussage möglich						
	1	2	3	4	5	6	0
Gutes Zuhören.							
Sich in andere und deren Sichtweisen hineinversetzen können.							
Gefühle sehr gut wahrnehmen können.							
Selbstreflektion.							
Bewusstsein über die Wirkung des eigenen Verhaltens auf andere Gruppenmitglieder.							
Engagement.							
Konstruktiver Umgang mit Unsicherheit.							
Gefühle sehr gut ausdrücken zu können.							
Selbstständig Entscheidungen treffen zu können.							
Verantwortung für Entscheidungen zu übernehmen.							
Selbstbewusstsein zu zeigen, was man denkt, auch wenn Andere anderer Meinung sind.							
Aufgeschlossenheit gegenüber Neuem.							
Kreativität.							
Kritikfähigkeit							
Überzeugungsfähigkeit.							
Begeisterungsfähigkeit.							
Glaubwürdigkeit.							
Positive Einstellung gegenüber Veränderungen.							
Lebenslanges Lernen.							
Flexibilität im Denken und Handeln.							

Falls Ihnen noch zusätzliche Kompetenzen fehlen, haben Sie hier die Möglichkeit diese zu ergänzen:

Zurück | restliche Seiten später ausfüllen | Weiter

Entscheidungen unter Unsicherheit – Erfolgsfaktoren für Gruppen im Innovationsmanagement.
Erfolgsfaktor "Führungskompetenzen des Gruppenleiters" im Entscheidungsprozess.

Bitte kreuzen Sie an, welche Führungskompetenzen aus Ihrer Sicht wichtig für eine Gruppe sind, die Entscheidungen unter Unsicherheit zu treffen hat.

Der Gruppenleiter sollte . . .	1=unverzichtbar 2=wichtig 3=eher wichtig 4=eher unwichtig 5=überwiegend unwichtig 6=absolut unwichtig 0=Keine Aussage möglich						
	1	2	3	4	5	6	0
... die Gruppe inspirieren können.							
... das Gruppenziel an alle Gruppenmitglieder kommunizieren können.							
... für jedes einzelne Gruppenmitglied Ziele entwickeln können.							
... die Gruppenentscheidungen reflektieren können.							
... die Gruppenentscheidungen konsequent umsetzen können.							

... sich an den erzielten Ergebnissen messen lassen können.							
... einen respektvollen und persönlichen Zugang zu seinen Gruppenmitgliedern haben.							
... zu Höchstleistungen anspornen können.							
... die Fähigkeiten jedes Gruppenmitglieds berücksichtigen können.							
... die Werte und Normen des Unternehmens in seiner Gruppe vorleben können.							

Zusätzlich sollte der Gruppenleiter folgende Kompetenzen mitbringen:

Zurück | restliche Seiten später ausfüllen | Weiter

Entscheidungen unter Unsicherheit – Erfolgsfaktoren für Gruppen im Innovationsmanagement.

Informations- und Kommunikationsverhalten der Gruppe.

Bitte beurteilen Sie, wie die Gruppe mit Informationen umgeht und schätzen Sie ein, wie die Gruppe untereinander kommuniziert.

Informations- und Kommunikationsverhalten der Gruppe	1=Trifft voll und ganz zu 2=Trifft weitgehend zu 3=Trifft noch zu 4=Trifft eher nicht zu 5=Trifft selten zu 6=Trifft ganz und gar nicht zu 0=Keine Aussage möglich						
	1	2	3	4	5	6	0
Die Gruppe fühlt sich zur aktiven Informationssuche verpflichtet.							
Die Gruppe ist neuen Informationen gegenüber offen.							
Informationen werden in der Gruppe zielorientiert ausgetauscht.							
Informationen werden in der Gruppe zeitnah ausgetauscht.							
Informationen werden in der Gruppe direkt ausgetauscht.							
Wir nutzen in der Gruppe möglichst viele unterschiedliche Informationsquellen.							
Informationen bzw. Ergebnisse werden in der Gruppe mit dem richtigen Detaillierungsgrad kommuniziert.							
Innerhalb von Gruppendiskussion stellen wir viele Fragen, um ein gemeinsames Verständnis zu schaffen.							
Wir visualisieren unklare Sachverhalte, um ein gemeinsames Verständnis zu schaffen.							
Wenn in der Gruppe Fehler gemacht werden, wird dies aktiv kommuniziert.							
Wenn in der Gruppe Fehler gemacht werden, wird damit konstruktiv weiter gearbeitet.							
Jeder in der Gruppe äußert frei seine Meinung und Bedenken.							
Auffällige Verhaltensweisen der Gruppenmitglieder werden in der Gruppe reflektiert.							
Innerhalb der Gruppe geben wir uns gegenseitig Feedback.							
Es besteht Transparenz über die Erwartungen der einzelnen Rollen in der Gruppe.							
Alle beteiligen sich aktiv an Gruppendiskussionen.							
Jeder in der Gruppe hört aufmerksam zu.							

Zurück | restliche Seiten später ausfüllen | Weiter

Entscheidungen unter Unsicherheit – Erfolgsfaktoren für Gruppen im Innovationsmanagement.
Strategien im Umgang mit Unsicherheit in der Gruppe.

Welche Strategien wenden Sie selbst in der Gruppe, mit der Sie zuletzt oder aktuell noch zusammenarbeiten, an?

Strategien im Umgang mit Unsicherheit in der Gruppe	1=Trifft voll und ganz zu 2=Trifft weitgehend zu 3=Trifft noch zu 4=Trifft eher nicht zu 5=Trifft selten zu 6=Trifft ganz und gar nicht zu 0=Keine Aussage möglich					
	1	2	3	4	5	6	0
Ich probiere Alternativen aus und entscheide nach dem Prinzip „Versuch und Irrtum".	○	○	○	○	○	○	○
Ich vertraue bei Entscheidungen meinem Bauchgefühl.	○	○	○	○	○	○	○
Ich sammle Informationen, auch wenn ich noch nicht explizit weiß, wofür ich sie benötige.	○	○	○	○	○	○	○
Ich bearbeite Entscheidungen in ihrem unternehmerischen Gesamtkontext.	○	○	○	○	○	○	○
Ich verwende bei meinen Erklärungen bildliche Metaphern.	○	○	○	○	○	○	○
Ich blende konsequent Informationen aus und fokussiere mich auf begrenzte Gebiete, die mir bekannt sind.	○	○	○	○	○	○	○
Ich bin in permanenter Bereitschaft, auftauchende Chancen zu erkennen und in Entscheidungen einzubeziehen.	○	○	○	○	○	○	○
Vor einer Entscheidung betrachte ich jede Alternative detailliert.	○	○	○	○	○	○	○
Ich bilde Zukunftsräume, in denen etablierte Strukturen, Prinzipien und Verfahrensweisen keine Gültigkeit haben, um zu neuen Lösungen zu gelangen.	○	○	○	○	○	○	○
Ich suche so lange ich Zeit habe nach der besten Alternative.	○	○	○	○	○	○	○
Ich führe umfangreiche Recherchen durch egal wie viel Zeit ich habe.	○	○	○	○	○	○	○
Ich plane meine Entscheidungsschritte logisch aufeinander aufbauend von jetzt bis zum Ziel.	○	○	○	○	○	○	○
Ich plane vom Ziel aus meine Entscheidungsschritte rückwärts.	○	○	○	○	○	○	○
Ich bediene mich geeigneter Kreativitätstechniken während einer Entscheidung.	○	○	○	○	○	○	○
Ich berücksichtige die zeitlichen Verzögerungen von Maßnahmen.	○	○	○	○	○	○	○
Ich vereinfache komplexe Sachverhalte, um sie zu verstehen.	○	○	○	○	○	○	○
Wenn ich feststelle, dass meine eigene Kompetenz zur Lösung des Problems zu gering ist, delegiere ich die Entscheidung an eine kompetentere Person.	○	○	○	○	○	○	○
Wenn ich mir unsicher bin, ob ich eine Entscheidung treffen soll oder nicht, tue ich erst einmal nichts und warte ab.	○	○	○	○	○	○	○
Ich passe mich oft der Gruppenmeinung an, wenn ich mir unsicher bei meiner eigenen Meinung bin.	○	○	○	○	○	○	○

Zurück | restliche Seiten später ausfüllen | Weiter

Entscheidungen unter Unsicherheit – Erfolgsfaktoren für Gruppen im Innovationsmanagement.
Strategien im Entscheidungsprozess.

Bitte beurteilen Sie die Vorgehensweise Ihrer Gruppe, mit der Sie zuletzt oder aktuell noch zusammenarbeiten, während des Entscheidungsprozesses. Die Aussagen beziehen sich auf den zeitlichen Verlauf einer Entscheidung (von Beginn bis zum Ende).

Strategien im Entscheidungsprozess	1=Trifft voll und ganz zu 2=Trifft weitgehend zu 3=Trifft noch zu 4=Trifft eher nicht zu 5=Trifft selten zu 6=Trifft ganz und gar nicht zu 0=Keine Aussage möglich					
	1	2	3	4	5	6	0

Die Kenntnis über die zeitliche Eigendynamik des Entscheidungsproblems ist der Gruppe klar.	○	○	○	○	○	○	○
Wir visualisieren die Problemlage einer Entscheidung, um ein gemeinsames Verständnis zu schaffen.	○	○	○	○	○	○	○
Es besteht Klarheit über das Ziel des Entscheidungsprozesses in der Gruppe.	○	○	○	○	○	○	○
Uns ist bewusst, dass nicht alle Ziele zugleich erreicht werden können und deshalb Kompromisse gebildet werden müssen.	○	○	○	○	○	○	○
Bei der Zielbildung werden Schwerpunkte gebildet.	○	○	○	○	○	○	○
Kriterien für die Entscheidung werden zielorientiert ausgewählt.	○	○	○	○	○	○	○
Diese Kriterien werden nach Wichtigkeit geordnet.	○	○	○	○	○	○	○
Wir modifizieren Prämissen der Entscheidung gezielt.	○	○	○	○	○	○	○
In regelmäßigen Abständen stellt die Gruppe Ziele der Entscheidung und Kriterien zur Alternativenauswahl infrage.	○	○	○	○	○	○	○
Sobald sich Prämissen ändern, werden die Ziele und Kriterien von der Gruppe gegebenenfalls neu definiert.	○	○	○	○	○	○	○
Wir analysieren Randbedingungen und Konsequenzen der Ziele.	○	○	○	○	○	○	○
Wir visualisieren die gesamte Entscheidungssituation in einem übersichtlichen Modell.	○	○	○	○	○	○	○
Bei der Alternativenauswahl beachten wir verstärkende und reduzierende Auswirkungen von Maßnahmen.	○	○	○	○	○	○	○
Wir klassifizieren diese Auswirkungen von Maßnahmen nach Bedingungs-, Aktions- und Ergebnisteil. D.h. Unter der Bedingung B könnten wir Aktionen A1, A2 oder A3 durchführen und dann kommt das Ergebnis E1 heraus.	○	○	○	○	○	○	○
Die Gruppe arbeitet mit Analogien, um Kenntnis über die Bestandteile des zu entscheidenden Sachverhaltes zu erlangen (z.B. der Produktionsprozess ist so wie...).	○	○	○	○	○	○	○
Die für eine Entscheidung gefundenen alternativen Lösungen spezifizieren wir gemäß den aufgestellten Kriterien.	○	○	○	○	○	○	○
Wir beschreiben Alternativen mit geeignetem Detaillierungsgrad.	○	○	○	○	○	○	○
Die Suche nach Alternativen wird abgebrochen, sobald eine zufriedenstellende Alternative gefunden wurde.	○	○	○	○	○	○	○
Die Gruppe stellt die Konsequenzen der einzelnen Alternativen fest.	○	○	○	○	○	○	○
Wir prüfen die Konsequenzen der einzelnen Alternativen auf Richtigkeit, Genauigkeit und Vollständigkeit.	○	○	○	○	○	○	○
Die Gruppe kann mit unerwarteten Komplikationen umgehen.	○	○	○	○	○	○	○
Die Gruppe setzt die einmal getroffene Entscheidung in die Tat um.	○	○	○	○	○	○	○
In der Gruppe wird geklärt, wer von der Entscheidung wissen muss.	○	○	○	○	○	○	○
Die Gruppe klärt, welche nächste Handlung nach einer Entscheidung vorgenommen werden muss.	○	○	○	○	○	○	○
Die Gruppe klärt, welche Handlung durchgeführt werden muss, damit die Menschen, die sie umsetzen, auch dazu in der Lage sind.	○	○	○	○	○	○	○

Bevor die Gruppe aufgrund der getroffenen Entscheidung auseinander geht, reflektieren wir die positiven und negativen Situationen des Entscheidungsprozesses.

○ Ja

○ Nein

Falls ja, was würden Sie in Zukunft anders machen? Falls nein, bitte mit dem "Weiter"- Button den Fragebogen fortsetzen.

Zurück | restliche Seiten später ausfüllen | Weiter

Entscheidungen unter Unsicherheit – Erfolgsfaktoren für Gruppen im Innovationsmanagement.
Gruppenzusammensetzung.

Wie setzt sich Ihre Gruppe zusammen?

Gruppenzusammensetzung	1=Trifft voll und ganz zu 2=Trifft weitgehend zu 3=Trifft noch zu 4=Trifft eher nicht zu 5=Trifft selten zu 6=Trifft ganz und gar nicht zu 0=Keine Aussage möglich					
	1	2	3	4	5	6	0
Unsere Gruppe setzt sich je nach Aufgaben und Zielen flexibel zusammen.							
Die Gruppenmitglieder sind aus unterschiedlichen Disziplinen (Bereiche, Ressorts, Berufe).							
Jedem in der Gruppe ist die eigene Rolle klar.							
Jedem in der Gruppe ist die Rolle des anderen klar.							
In unserer Gruppe gibt es diejenigen, die die Initiative fördern.							
In unserer Gruppe gibt es diejenigen, die die Aufgaben strukturieren.							
In unserer Gruppe gibt es diejenigen, die andere ermutigen.							
In unserer Gruppe gibt es diejenigen, die Regeln bilden.							
Jeder in unserer Gruppe führt genau die Aufgabe aus, die er besonders gut kann.							
Es gibt einen Moderator in der Gruppe.							
In unserer Gruppe gibt es jemanden, der die Meinung der anderen stark beeinflusst.							

Zurück | restliche Seiten später ausfüllen | Weiter

Entscheidungen unter Unsicherheit – Erfolgsfaktoren für Gruppen im Innovationsmanagement.

Bedürfnisse des Einzelnen in der Gruppe.

Bitte beurteilen Sie im Folgenden, was Ihnen im Entscheidungsprozess wichtig ist.

Mir ist wichtig, dass...	1=Trifft voll und ganz zu 2=Trifft weitgehend zu 3=Trifft noch zu 4=Trifft eher nicht zu 5=Trifft selten zu 6=Trifft ganz und gar nicht zu 0=Keine Aussage möglich					
	1	2	3	4	5	6	0
... ich von anderen in meinen Entscheidungen unterstützt werde.							
... ich Feedback von meinen Kollegen erhalte.							
... wir in der Gruppe kooperieren.							
... man sich mit mir konstruktiv-kritisch auseinandersetzt.							
... ich weiß, was als nächstes passieren wird.							
... sich immer neue Herausforderungen ergeben.							
... ich hin und wieder etwas Neues ausprobiere (z.B. etwas Neues esse, eine neues Buch lese, eine neue Sportart ausprobiere).							
... ich mich sukzessive verbessere.							

Falls Sie zusätzliche Anmerkungen haben, tragen Sie diese bitte hier ein:

Zurück | restliche Seiten später ausfüllen | Weiter

Entscheidungen unter Unsicherheit – Erfolgsfaktoren für Gruppen im Innovationsmanagement.
Grundwerte und –normen in der Gruppe.

In der Gruppe etablieren sich mit der Zeit Werte und Normen. Wie beurteilen Sie die folgenden Aussagen in Bezug auf Ihre Gruppe?

Grundwerte und –normen in der Gruppe	1=Trifft voll und ganz zu 2=Trifft weitgehend zu 3=Trifft noch zu 4=Trifft eher nicht zu 5=Trifft selten zu 6=Trifft ganz und gar nicht zu 0=Keine Aussage möglich						
	1	2	3	4	5	6	0
Wir verhalten uns nach dem Grundsatz: Wie ich selbst behandelt werden möchte, so behandle ich auch andere.							
Gruppendiskussionen verlaufen sachlich.							
Wir binden uns in der Gruppe gegenseitig in Überlegungen und Ideen ein.							
Jeder in der Gruppe bemüht sich, auftauchende Rivalitätsbeziehungen einzugrenzen.							
Der Zusammenhalt in der Gruppe ist vollkommen ausreichend (jeder hilft dem Anderen nach Bedarf aus).							
Wir können uns gegenseitig auf einander verlassen.							
In unserer Gruppe steht Fairness durch Transparenz von Arbeitsinhalten an erster Stelle.							
Unsere Gruppenatmosphäre ist geprägt durch gegenseitigen Respekt und Symphatie.							
In der Gruppe besteht der Grundsatz, offen und ehrlich seine Meinung zu äußern.							
Erklärungen von Gruppenmitgliedern dauern so lange, wie sie zum Verständnis des Sachverhaltes benötigen.							
In unserer Kommunikation heben wir mehr die Chancen als die Risiken hervor.							
In der Gruppe gilt der Grundsatz: Fehler sind erlaubt, aber sollten nur einmal gemacht werden.							
In der Gruppe herrscht eine gesunde Skepsis (kritische Haltung) gegenüber Informationen vor.							
Wir erlauben uns alles in Frage zu stellen und der Gruppe den Spiegel vorzuhalten.							
Jeder in der Gruppe identifiziert sich mit den Zielen der Entscheidung.							
Jeder in der Gruppe ist sich über den Einfluss der eigenen Verhaltensweisen auf andere Gruppenmitglieder bewusst.							
Jeder in der Gruppe tritt für das Recht des Anderen ein.							
Werte und Normen in der Gruppe halte ich wichtig für die Orientierung.							
Wir unterstützen uns gegenseitig die Agenda einzuhalten.							
Jeder kommt zu Wort.							
Jeder versucht sein Können im Sinne der Gruppenaufgabe optimal einzubringen.							
Jeder stellt je nach Situation seine Bedürfnisse für das Erreichen des Gruppenziels zurück.							

Zurück | restliche Seiten später ausfüllen | Weiter

Entscheidungen unter Unsicherheit – Erfolgsfaktoren für Gruppen im Innovationsmanagement.
Entscheidungs-/ Gruppenergebnis.

Bitte beurteilen Sie das Entscheidungs- und Gruppenergebnis.

Entscheidungs-/ Gruppenergebnis

1=Trifft voll und ganz zu
2=Trifft weitgehend zu
3=Trifft noch zu
4=Trifft eher nicht zu
5=Trifft selten zu
6=Trifft ganz und gar nicht zu
0=Keine Aussage möglich

	1	2	3	4	5	6	0
Die geplanten Kosten für den Entscheidungsprozess werden eingehalten.	○	○	○	○	○	○	○
Der geplante Zeitplan für den Entscheidungsprozess wird eingehalten.	○	○	○	○	○	○	○
Ich bin mit der Gruppenleistung zufrieden.	○	○	○	○	○	○	○
Ich bin mit der Gruppenatmosphäre zufrieden.	○	○	○	○	○	○	○
Ich fühle mich für das Gruppenergebnis verantwortlich.	○	○	○	○	○	○	○
Ich bin mit dem Entscheidungsergebnis zufrieden.	○	○	○	○	○	○	○

Zurück | restliche Seiten später ausfüllen | Weiter

Entscheidungen unter Unsicherheit – Erfolgsfaktoren für Gruppen im Innovationsmanagement.
Soziodemographische Daten.

Zum Schluss bitte ich Sie noch folgende Angaben zu machen.

Alter:

Wie lange arbeiten Sie bereits für das Unternehmen (Angabe in Jahren)?

Beruf:

Geschlecht: ○ männlich ○ weiblich

Zurück | Abschicken

8.3 Interviewleitfaden

Leitfaden – Interviews (narritative)

1. Wie kommen Sie zu einer Entscheidung?	
2. Welche Faktoren **fördern allgemein** einen guten Entscheidungsprozess - allgemein?	
3. Welche Faktoren **behindern** allgemein einen guten Entscheidungsprozess - allgemein?	
4. Was läuft dabei **gut** bezogen auf die beobachtete Entscheidungssituation?	
5. Was läuft dabei **schlecht**?	
6. Warum **verhalten/ entscheiden** Sie sich so, wie sie sich verhalten?	
7. **Anreizsystem:** Nach welchen Kriterien wird Ihre Arbeit bewertet / beurteilt? Wofür werden Sie belohnt? Was würden Sie unterlassen, weil Sie wissen/ vermuten, dass sich das negativ auf Ihre Beurteilung auswirken könnte?	
8. Wann haben Sie das Gefühl eine gute Gruppenentscheidung getroffen zu haben? Welches **Ereignis** muss dann vorliegen?	

8.4 Statistische Auswertungen

Im Folgenden befinden sich die Übersichten zu den Wechselwirkungen zwischen individuellen Strategien und Personal- sowie Führungskompetenzen (Kapitel 4.2.2).

		Personale Kompetenzen									
Individuelle Strategie		Gutes Zuhören	Selbstreflektion.	Bewusstsein über die Wirkung des eigenen Verhaltens auf andere Gruppenmitglieder.	Gefühle sehr gut ausdrücken zu können.	Kritikfähigkeit	Überzeugungsfähigkeit.	Begeisterungsfähigkeit.	Glaubwürdigkeit.	Lebenslanges Lernen.	Flexibilität im Denken und Handeln.
Ich bearbeite Entscheidungen in ihrem unternehmerischen Gesamtkontext.	Korrelation nach Pearson	,337**		,320**		,312**					
	Signifikanz (2-seitig)	0,005		0,006		0,01					
	N	68		68		68					
Ich verwende bei meinen Erklärungen bildliche Metaphern.	Korrelation nach Pearson				,317**		,319**				,507**
	Signifikanz (2-seitig)				0,008		0,008				0
	N				68		68				68
Ich bin in permanenter Bereitschaft, aufsuchende Chancen zu erkennen und in	Korrelation nach Pearson								,384**		
	Signifikanz (2-seitig)								0,001		
	N								68		
Ich bilde Zukunftsräume, in denen etablierte Strukturen, Prinzipien und	Korrelation nach Pearson		,334**	,360**				,451**			
	Signifikanz (2-seitig)		0,005	0,003				0			
	N		68	68				68			
Ich bediene mich geeigneter Kreativitätstechniken während einer	Korrelation nach Pearson			,421**	,401**	,436**	,397**	,353**		,491**	,514**
	Signifikanz (2-seitig)			0	0,001	0	0,001	0,003		0	0
	N			67	67	67	67	67		67	67
Ich berücksichtige die zeitlichen Verzögerungen von Maßnahmen.	Korrelation nach Pearson		,374**	,326**		,337**					
	Signifikanz (2-seitig)		0,002	0,007		0,006					
	N		67	67		67					
**. Die Korrelation ist auf dem Niveau von 0,01 (2-seitig) signifikant.											

Abbildung 20: Korrelationen zwischen Individuellen Strategien und Kompetenzen

Individuelle Strategie		Führungskompetenzen: ... die Gruppe inspirieren können.	... die Gruppenentscheidungen konsequent umsetzen können.	... die Werte und Normen des Unternehmens in seiner Gruppe vorleben können.
Ich bearbeite Entscheidungen in ihrem unternehmerischen Gesamtkontext.	Korrelation nach Pearson			,401**
	Signifikanz (2-seitig)			0,001
	N			61
Ich plane meine Entscheidungsschritte logisch aufeinander aufbauend von jetzt bis zum Ziel.	Korrelation nach Pearson		,335**	
	Signifikanz (2-seitig)		0,008	
	N		61	
Ich bediene mich geeigneter Kreativitätstechniken während einer Entscheidung.	Korrelation nach Pearson	,331**		
	Signifikanz (2-seitig)	0,01		
	N	60		

**. Die Korrelation ist auf dem Niveau von 0,01 (2-seitig) signifikant.

Tabelle 17: Korrelationen zwischen Führungskompetenzen und individuellen Strategien

Nachstehend sind die einzelnen Interdependenzen zwischen Handlung und Struktur dargestellt (Kapitels 4.2.3).

Entscheidungsprozess		Unternehmenskultur: Wir arbeiten problemlösungs-orientiert.	Wir sind immer bereit etwas dazu zu lernen.
Wir analysieren Randbedingungen und Konsequenzen der Ziele.	Korrelation nach Pearson	,413**	,320**
	Signifikanz (2-seitig)	0,001	0,009
	N	65	65
Die Gruppe kann mit unerwarteten Komplikationen umgehen.	Korrelation nach Pearson	,339**	
	Signifikanz (2-seitig)	0,006	
	N	65	

**. Die Korrelation ist auf dem Niveau von 0,01 (2-seitig) signifikant.

Tabelle 18: Wechselwirkung zwischen Entscheidungsprozess und Unternehmenskultur

Entscheidungsprozess		Unternehmensstruktur: Das Unternehmen ist geprägt durch transparente Kommunikation.	Unternehmensstruktur: Das Entlohnungssystem ist leistungsgerecht.
Diese Kriterien werden nach Wichtigkeit geordnet.	Korrelation nach Pearson		,395**
	Signifikanz (2-seitig)		0,001
	N		65
Wir analysieren Randbedingungen und Konsequenzen der Ziele.	Korrelation nach Pearson	,331**	,368**
	Signifikanz (2-seitig)	0,008	0,003
	N	64	64
Die Gruppe kann mit unerwarteten Komplikationen umgehen.	Korrelation nach Pearson	,325**	
	Signifikanz (2-seitig)	0,009	
	N	64	

**. Die Korrelation ist auf dem Niveau von 0,01 (2-seitig) signifikant.

Tabelle 19: Wechselwirkung zwischen Entscheidungsprozess und Unternehmensstruktur

Gruppennormen		Entscheidungsprozess: Diese Kriterien werden nach Wichtigkeit geordnet.	Wir analysieren Randbedingungen und Konsequenzen der Ziele.	Die Gruppe kann mit unerwarteten Komplikationen umgehen.	Die Gruppe setzt die einmal getroffene Entscheidung in die Tat um.
Sachliche Gruppendiskussionen.	Korrelation nach Pearson		,411**		
	Signifikanz (2-seitig)		0,001		
	N		63		
Eingrenzung auftauchender Rivalitätsbeziehungen.	Korrelation nach Pearson			,339**	,502**
	Signifikanz (2-seitig)			0,008	0
	N			60	60
Ausreichender Zusammenhalt in der Gruppe.	Korrelation nach Pearson			,476**	,389**
	Signifikanz (2-seitig)			0	0,002
	N			63	63
Vertrauen.	Korrelation nach Pearson	,328**	,391**	,427**	,533**
	Signifikanz (2-seitig)	0,009	0,002	0	0
	N	63	63	63	63
Fairness durch Transparenz von Arbeitsinhalten.	Korrelation nach Pearson	,411**	,422**	,428**	,448**
	Signifikanz (2-seitig)	0,001	0,001	0	0
	N	63	63	63	63
Respekt und Sympathie.	Korrelation nach Pearson		,328**		,475**
	Signifikanz (2-seitig)		0,009		0
	N		63		63
Ausreichende Erklärungen.	Korrelation nach Pearson			,372**	,367**
	Signifikanz (2-seitig)			0,003	0,003
	N			63	63
Identifizierung mit den Zielen der Entscheidung.	Korrelation nach Pearson		,380**	,472**	,410**
	Signifikanz (2-seitig)		0,002	0	0,001
	N		63	63	63
Bewusstsein über eigene Verhaltensweisen auf Andere.	Korrelation nach Pearson			,491**	,383**
	Signifikanz (2-seitig)			0	0,002
	N			63	63
Für das Recht Anderer eintreten.	Korrelation nach Pearson		,389**	,534**	,565**
	Signifikanz (2-seitig)		0,002	0	0
	N		61	61	61
Können optimal einbringen.	Korrelation nach Pearson			,463**	,328**
	Signifikanz (2-seitig)			0	0,009
	N			63	63
Zurückstellen von Bedürfnissen.	Korrelation nach Pearson			,339**	,404**
	Signifikanz (2-seitig)			0,007	0,001
	N			63	63

**. Die Korrelation ist auf dem Niveau von 0,01 (2-seitig) signifikant.

Tabelle 20: Wechselwirkung zwischen Entscheidungsprozess und Gruppennormen

Gruppenzusammensetzung		Entscheidungsprozess		
		Diese Kriterien werden nach Wichtigkeit geordnet.	Wir analysieren Randbedingungen und Konsequenzen der Ziele.	Die Gruppe setzt die einmal getroffene Entscheidung in die Tat um.
In unserer Gruppe gibt es diejenigen, die andere ermutigen.	Korrelation nach Pearson	,532**	,507**	,348**
	Signifikanz (2-seitig)	0	0	0,005
	N	64	64	64

**. Die Korrelation ist auf dem Niveau von 0,01 (2-seitig) signifikant.

Tabelle 21: Wechselwirkung zwischen Entscheidungsprozess und Gruppenzusammensetzung

Unternehmens-kultur		Informations- und Kommunikationsverhalten				
		Visualisierung von Sachverhalten.	Richtiger Detaillierungsgrad von Informationen bzw. Ergebnissen.	Konstruktive Zusammenarbeit nach Fehlern.	Aufmerksames Zuhören.	Aktive Kommunikation von Fehlern.
Wir arbeiten problemlösungsorientiert.	Korrelation nach Pearson	,463**	,432**	,455**	,443**	,430**
	Signifikanz (2-seitig)	0	0	0	0	0
	N	68	68	65	68	67

**. Die Korrelation ist auf dem Niveau von 0,01 (2-seitig) signifikant.

Tabelle 22: Wechselwirkung zwischen Informations- und Kommunikationsverhalten und Unternehmenskultur

Unternehmensstruktur		Informations- und Kommunikationsverhalten: Transparenz über die Erwartungen der einzelnen Rollen.	Visualisierung von Sachverhalten.	Richtiger Detaillierungsgrad von Informationen bzw. Ergebnissen.	Konstruktive Zusammenarbeit nach Fehlern.	Aufmerksames Zuhören.	Viele Fragen stellen um ein gemeinsames Verständnis zu schaffen.	Aktive Kommunikation von Fehlern.
Das Unternehmen ist geprägt durch transparente Kommunikation.	Korrelation nach Pearson	,392**	,446**	,410**	,406**	,502**	,516**	,433**
	Signifikanz (2-seitig)	0,001	0	0,001	0,001	0	0	0
	N	67	67	67	64	67	67	66
Das Entlohnungssystem ist leistungsgerecht.	Korrelation nach Pearson	,320**		,388**				
	Signifikanz (2-seitig)	0,008		0,001				
	N	67		67				
Im Unternehmen gibt es nur so viel Administration wie nötig.	Korrelation nach Pearson			,391**		,419**		
	Signifikanz (2-seitig)			0,001		0		
	N			68		68		

**. Die Korrelation ist auf dem Niveau von 0,01 (2-seitig) signifikant.

Tabelle 23: Wechselwirkung zwischen Informations- und Kommunikationsverhalten und Unternehmensstruktur

Gruppennormen		Informations- und Kommunikationsverhalten: Richtiger Detaillierungsgrad von Kommunikation bzw. Ergebnissen.	Viele Fragen stellen, um ein gemeinsames Verständnis zu schaffen.	Visualisierung von Sachverhalten.	Aktive Kommunikation von Fehlern.	Konstruktive Zusammenarbeit nach Fehlern.	Transparenz über die Erwartungen der einzelnen Rollen.	Aufmerksames Zuhören.
Gruppendiskussionen verlaufen sachlich.	Korrelation nach Pearson		,368**	,330**				
	Signifikanz (2-seitig)		0,003	0,008				
	N		64	64				
Eingrenzung auftauchender Rivalitätsbeziehungen.	Korrelation nach Pearson				,339**			
	Signifikanz (2-seitig)				0,008			
	N				60			
Ausreichender Zusammenhalt.	Korrelation nach Pearson	,431**			,384**	,463**		,458**
	Signifikanz (2-seitig)	0			0,002	0		0
	N	64			63	61		64

Vertrauen.	Korrelation nach Pearson	,386**	,324**	,373**	,350**	,421**	,379**	,522**
	Signifikanz (2-seitig)	0,002	0,009	0,002	0,005	0,001	0,002	0
	N	64	64	64	63	61	64	64
Fairness durch Transparenz von Arbeits-inhalten.	Korrelation nach Pearson	,529**	,427**	,404**	,536**	,574**	,510**	,580**
	Signifikanz (2-seitig)	0	0	0,001	0	0	0	0
	N	64	64	64	63	61	64	64
Respekt und Sympathie.	Korrelation nach Pearson	,423**	,533**	,371**	,333**	,431**	,374**	,580**
	Signifikanz (2-seitig)	0,001	0	0,003	0,008	0,001	0,002	0
	N	64	64	64	63	61	64	64
Ausreichende Erklärungen.	Korrelation nach Pearson		,484**	,357**	,493**	,474**	,447**	,403**
	Signifikanz (2-seitig)		0	0,004	0	0	0	0,001
	N		64	64	63	61	64	64
Identifikation mit den Zielen der Entscheidung.	Korrelation nach Pearson	,424**	,532**	,477**	,597**	,477**	,439**	,540**
	Signifikanz (2-seitig)	0	0	0	0	0	0	0
	N	64	64	64	63	61	64	64
Bewusstsein über den Einfluss der eigenen Verhaltens-weisen.	Korrelation nach Pearson		,347**		,330**	,428**	,332**	,421**
	Signifikanz (2-seitig)		0,005		0,008	0,001	0,007	0,001
	N		64		63	61	64	64
Für das Recht Anderen eintreten.	Korrelation nach Pearson	,346**	,384**	,498**	,569**	,494**	,479**	,430**
	Signifikanz (2-seitig)	0,006	0,002	0	0	0	0	0
	N	62	62	62	61	60	62	62
Können optimal einzubringen.	Korrelation nach Pearson	,422**	,503**	,350**	,485**	,462**	,371**	,487**
	Signifikanz (2-seitig)	0,001	0	0,005	0	0	0,003	0
	N	64	64	64	63	61	64	64
Zurückstellen von Bedürfnissen.	Korrelation nach Pearson	,481**			,434**	,421**		,400**
	Signifikanz (2-seitig)	0			0	0,001		0,001
	N	64			63	61		64

**. Die Korrelation ist auf dem Niveau von 0,01 (2-seitig) signifikant.

Tabelle 24: Wechselwirkung zwischen Gruppennormen und Informations- und Kommunikationsverhalten

Gruppen-zusammensetzung		Informations- und Kommunikationsverhalten					
		Richtiger Detaillie-rungs-grad von Informa-tionen bzw. Ergebnis sen.	Visualisi erung von Sachver-halten.	Aktive Kommu-nikation von Fehlern.	Konstruk tive Zusam-men-arbeit nach Fehlern.	Trans-parenz über die Erwar-tungen der einzel-nen Rollen .	Jeder in der Gruppe hört aufmerk-sam zu.
In unserer Gruppe gibt es diejenigen, die andere ermutigen.	Korrelation nach Pearson	,444**	,465**	,388**	,422**	,404**	,396**
	Signifikanz (2-seitig)	0	0	0,002	0,001	0,001	0,001
	N	65	65	64	62	65	65

**. Die Korrelation ist auf dem Niveau von 0,01 (2-seitig) signifikant.

Tabelle 25: Wechselwirkung zwischen Informations- und Kommunikationsverhalten und Gruppenzusammensetzung

Unternehmenskultur		Individuelle Strategie			
		Denken und Handeln im unternehme-rischen Gesamtkontext	Verwen-dung bildlicher Metaphern.	Nutzung von Kreativitäts techniken.	Vereinfach-ung komplexer Sachverhalte.
Wir arbeiten problemlösungsorientiert.	Korrelation nach Pearson		,425**		
	Signifikanz (2-seitig)		0		
	N		68		
Wir sind risikobereit.	Korrelation nach Pearson	,362**			
	Signifikanz (2-seitig)	0,002			
	N	68			
Wir sind immer bereit etwas dazu zu lernen.	Korrelation nach Pearson			,355**	,332**
	Signifikanz (2-seitig)			0,003	0,006
	N			67	68

**. Die Korrelation ist auf dem Niveau von 0,01 (2-seitig) signifikant.

Tabelle 26: Wechselwirkung zwischen individuellen Strategien und Unternehmenskultur

		Individuelle Strategien			
Unternehmens-struktur		Verwendung bildlicher Metaphern.	Vorwärts-planung.	Vereinfach-ung komplexer Sachverhalte.	Berücksichti-gung zeitlicher Verzögerungen von Maßnahmen.
Das Unternehmen ist geprägt durch transparente Kommunikation.	Korrelation nach Pearson	,327**		,379**	
	Signifikanz (2-seitig)	0,007		0,002	
	N	67		67	
Im Unternehmen gibt es nur so viel Administration wie nötig.	Korrelation nach Pearson	,364**	,341**		,318**
	Signifikanz (2-seitig)	0,002	0,004		0,009
	N	68	68		67

**Die Korrelation ist auf dem Niveau von 0,01 (2-seitig) signifikant.

Tabelle 27: Wechselwirkung zwischen individuellen Strategien und Unternehmensstruktur

		Individuelle Strategien				
Gruppen-normen		Verwen-dung bildlicher Metaphern.	Permanen-te Bereit-schaft, auftauch-ende Chancen zu erkennen.	Nutzung von Kreativitäts techniken.	Berück-sichti-gung zeitlicher Verzöge-rungen.	Vereinfach ung komplexer Sach-verhalte.
Eingrenzung auftauchender Rivalitäts-beziehungen.	Korrelation nach Pearson			,367**		
	Signifikanz (2-seitig)			0,004		
	N			60		
Respekt und Sympathie.	Korrelation nach Pearson		,358**			
	Signifikanz (2-seitig)		0,004			
	N		64			
Ausreichende Erklärungen.	Korrelation nach Pearson		,379**			
	Signifikanz (2-seitig)		0,002			
	N		64			
Identifizierung mit Zielen der Entscheidung.	Korrelation nach Pearson		,355**		,438**	
	Signifikanz (2-seitig)		0,004		0	
	N		64		63	
Bewusstsein über eigene Verhaltens-weisen.	Korrelation nach Pearson		,439**			
	Signifikanz (2-seitig)		0			
	N		64			
Für das Recht Anderen eintreten.	Korrelation nach Pearson		,328**			
	Signifikanz (2-seitig)		0,009			
	N		62			
Können optimal einbringen.	Korrelation nach Pearson				,482**	,397**
	Signifikanz (2-seitig)				0	0,001
	N				63	64

Bedürfnisse zurückstellen.	Korrelation nach Pearson	,391**			,323**	
	Signifikanz (2-seitig)	0,001			0,01	
	N	64			63	

**. Die Korrelation ist auf dem Niveau von 0,01 (2-seitig) signifikant.

Tabelle 28: Wechselwirkungen zwischen individuellen Strategien und Gruppennormen

		Gruppenzusammensetzung
Individuelle Strategie		In unserer Gruppe gibt es diejenigen, die andere ermutigen.
Verwendung bildlicher Metaphern.	Korrelation nach Pearson	,406**
	Signifikanz (2-seitig)	0,001
	N	65
Bildung von Zukunftsräumen, um zu neuen Lösungen zu gelangen.	Korrelation nach Pearson	,344**
	Signifikanz (2-seitig)	0,005
	N	65
Nutzung geeigneter Kreativitätstechniken.	Korrelation nach Pearson	,460**
	Signifikanz (2-seitig)	0
	N	64
Vereinfachung komplexer Sachverhalte.	Korrelation nach Pearson	,350**
	Signifikanz (2-seitig)	0,004
	N	65

**. Die Korrelation ist auf dem Niveau von 0,01 (2-seitig) signifikant.

Tabelle 29: Wechselwirkung zwischen individuellen Strategien und Gruppenzusammensetzung